推拉、伸缩、翻转、升降……天呀，我把房子变大啦！

住宅机关王

美化家庭编辑部 主编

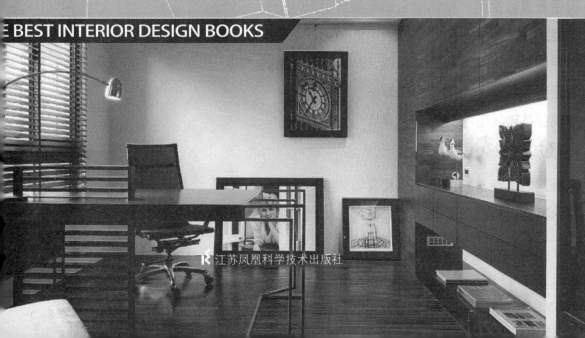

THE BEST INTERIOR DESIGN BOOKS

江苏凤凰科学技术出版社

目 录

PART 1
住宅机关概论

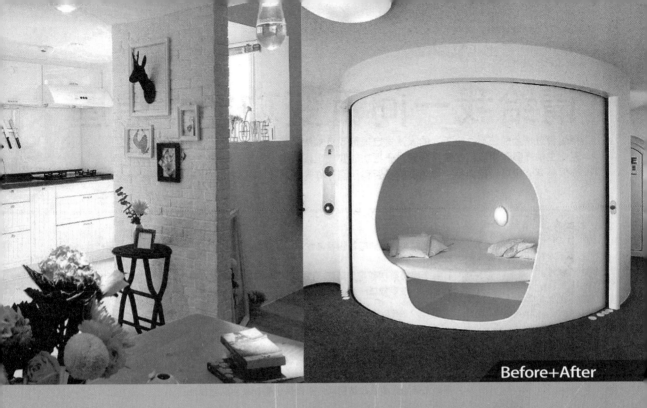

Before+After

我们对机关的着迷，从"未知"的惊喜，到视觉的迷惑；没想到，机关设计从"隐藏秘密"跨界成了"功能满足"，在现代家庭中，它们总是得意地在不同的朋友面前表演，一遍又一遍。这些神奇的空间设计，都来自一群天马行空的设计师创意，用电动控制不稀奇，转个身，所有功能都有了才是厉害角色。

功能屋设计优质选·业主分享

业主圆梦计划

请给我一间百变功能梦想屋

相信看过《全能住宅改造王》的人，肯定很惊叹日本建筑师改造老屋时所创造的空间魔法。
在业主抽样调查中我们发现，大家对于把功能变成难以想像、充满创意的机关，
心里都有一股热切的期待，你想要的是否和他们一样呢？就在本书中，一定可以获得更多设计巧思。

业主心声 / JOJO · 35 岁 · 销售经理

生活困惑：

衣服多到衣橱跟抽屉都快要爆炸了，有时打开抽屉衣服还会喷出来，鞋柜也快要塞爆了！

梦想机关清单：

1. 每个楼梯阶梯都是储藏柜。　2. 遥控天花板即可随心所欲变换不同的灯饰。
3. 窗户一按变成毕卡索的作品。

住家形式：独栋四楼；面积：105m²；居住成员：5 人

业主心声 / POLO LEE · 35 岁 · 老师

生活困惑：

需要大量的隐藏式收纳空间，否则房子看起来会感觉很乱。

梦想机关清单：

1. 希望把收纳变成传统中药店的抽屉柜，不但能分类收纳物品，也很有设计感。
2. 厨房能有一台超级抽油烟机。

住家形式：公寓；面积：130m²；居住成员：2 人

业主心声 / FINNY · 34 岁 · 销售经理

生活困惑：

目前收纳空间觉得足够，但希望收纳方式能更科学合理。

梦想机关清单：

1. 厨房家电可以藏起来，需要时轻按机关就会出现。
2. 电脑化穿衣间，服装、鞋子、包包、配件透过智慧型面板选择，以神奇的机关送出。

住家形式：电梯大楼；面积：102m²；居住成员：1 人

业主心声 / DT · 31 岁 · 殡葬业

生活困惑：

没有储藏室，季节性家电用品不易收纳，两台婴儿车常常要拿进拿出，却只能放在玄关。

梦想机关清单：

1. 地板下能有隐藏橱柜，餐桌椅还可以变出很多功能和座位。
2. 隐藏式厨房，才不会让炒锅、汤锅把厨房变得很杂乱。

住家形式：电梯大楼；面积：89m²；居住成员：3 人

业主心声 / 蔡碧莲 · 51 岁 · 家庭主妇

生活困惑：

棉被、衣物希望能好收好拿，生活纪念品如何有足够的空间摆放还能不显杂乱。

梦想机关清单：

1. 独立衣帽间将衣物分门别类。　2. 玄关有挂外套、包包的柜子，避免回家就堆在沙发上。
3. 隐藏楼梯间，按个开关就会开启，找东西不用爬进爬出。

住家形式：透天三层楼；面积：149m²；居住成员：4 人

业主心声 / 张小喻·40 岁·传播公司副理

生活困惑：

我喜欢收集老式玩具及公仔，经过时都会把玩一下、上个发条，但易有灰尘堆积。

梦想机关清单：

1. 像电影情节一样，一幅画里面藏有保险箱。
2. 壁面有长型水族箱，不需要时能有活动拉门把它藏起来。

住家形式：电梯大厦；面积：100m²；居住成员：3 人

业主心声 / JIMMY·30 岁·寿险业务

生活困惑：

房间是双人床，感觉很占走道，主卧房希望在不用改变格局的情况下，可以增加淋浴间。

梦想机关清单：

1. 床铺可以隐藏收起来。
2. 淋浴间可以不占空间，而且淋浴废水还能直接流到阳台浇花。

住家形式：电梯大楼；面积：132m²；居住成员：2 人

业主心声 / TONY·33 岁·业务主管

生活困惑：

自己睡的房间因为是边间，冬天时超冷，木地板非常地冰，每次都要边走边跳去床上。

梦想机关清单：

1. 家中所有电器线路都藏起来，完全看不到电线。
2. 房间的床可以立起来或收进衣柜里。

住家形式：电梯大楼；面积：265m²；居住成员：4 人

业主心声 / JESSICA·34 岁·广告总监

生活困惑：

面积不大的房间收纳功能可以更齐全，不用花时间找东西。

梦想机关清单：

1. 楼梯可以收进墙壁。　2. 翻转的餐桌。　3. 地板是充足的收纳区。
4. 要有系统式且一目了然的衣物间，围巾、帽子，最好一个机关就可以自动弹出。

住家形式：电梯大楼；面积：116m²；居住成员：3 人

业主心声 / PHOENIX·31 岁·采购

生活困惑：

家中将有新成员加入，收纳空间不够，客房未完全被利用。

梦想机关清单：

1. 衣柜内希望能有伸缩的收纳架。　2. 只要按一个钮，就能显示每个抽屉摆放的物品。
3. 按一个钮，摆放在高处的物品或是高柜，会自动降下。

住家形式：公寓；面积：109m²；居住成员：2 人

收纳欲望空间前三名：厨房、楼梯、衣物间

收纳空间的需求高低，可以观察出现代人对家、生活的重视环节，将近75%以上的业主都强烈希望厨房干脆隐藏起来，原因是台湾家庭习惯将炒锅、汤锅摆在灶具上，不但缺乏美感也很凌乱。受到日本全能住宅改造王节目的影响，近四成的业主都想要有个移动的楼梯，或是可藏进墙壁里避免占空间。最有趣的是，有近一半以上的女性业主，对衣物间最感到头痛，希望能有《欲望都市》电影版凯莉家那样的更衣室，衣物、包包、配件都具有系统式分类收纳概念，柜子永远都不会满！

空间收纳不稀奇，电脑科技满足"懒"天性

现代人工作忙碌压力大，谁都想回家后像"沙发马铃薯族"一样，房子能创造出丰富的收纳空间还不够，关键还要省力气，在电脑科技的协助下，取、放物品用一根手指头解决才是最聪明的收纳机关。比如说：今天要穿什么衣服只要透过电脑面板搜寻点一点，就能把点选到的物品送到面前；再也不用开抽屉找东西，按个钮电脑就能显示出抽屉放了哪些东西！

嗜好变空间机关，宅在家也不无聊

未来设计师们遇到有特殊收藏嗜好的业主，可以让收纳变得更有趣！在问卷调查中将近四成业主

希望透过机关让嗜好、娱乐活动整合空间设计，并非单纯给他们一个柜子、墙面如此简单，这些业主的"胃口"很大，比方说对喜欢玩公仔、老式玩具的业主来说，给他一个透明玻璃盒放收藏物品，他会提出更进一步的机关要求，能随时把玩的方便性；而喜欢艺术的业主拒绝把名画挂在墙上，以免无趣，希望窗户最好能像投影片般，依序秀出毕加索、莫奈等知名画家的画作；针对喜欢钓鱼、养鱼的业主，最常见的设计是将水族箱嵌入柜子里，但是否能有一个巨大的水族箱，让业主躺在地上时有如在海底世界般欣赏的错觉，才是真正将他们的欲望、嗜好听进心坎里。

机关也能做环保？响应绿色生活态度

收纳设计、空间机关跟环保也有关系？不仅是台湾业主提出将淋浴时产生的废水直接引入花园做浇灌，其实国际设计师早有过类似的概念，可翻转的淋浴柱转向另一边就成了现成的浇花器，趁着刚洗完澡龙头还滴着剩水，正好转过去浇花，或者是利用厨房挂置抹布、汤勺所滴下来的水，让底下的盆栽直接盛接着，机关也能是一种环保的体现。

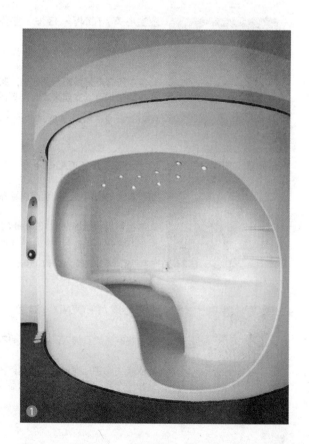

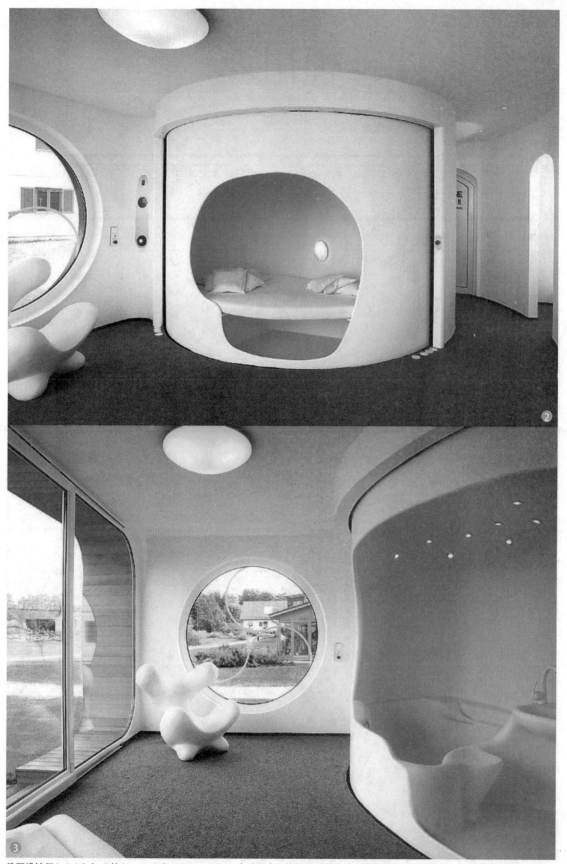

德国设计师 Luigi Colani 的 Hanse Colani Rotor House 电动屋中，旋转的圈圈里头，卧室既是浴室也是厨房，自由切换需求场景。

贴心设计时尚感

一款设计多种用途

CASE01
设计优质选
功能屋
业主分享

位于台北都会的小房子，如首轻快飞扬的乐曲，深色地板，配上轻质的木皮内装，颜色活泼跳跃的家具布置其中，如同升降半音的变奏装饰音，衬托着诸多女主人一路相伴的实用小物，更显温馨怡人。

设计：意象空间设计

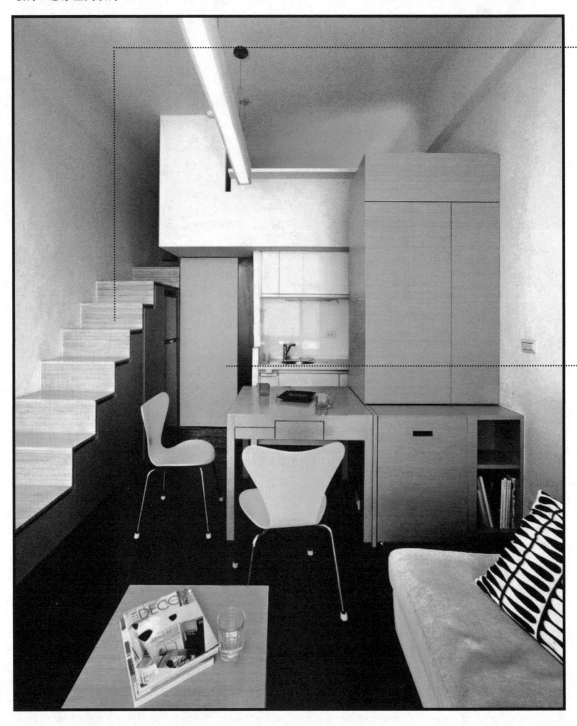

木作楼梯收纳柜

将连接一、二楼的阶梯以木作施工，并将楼梯下方设计为高度各不同的收纳柜，可依业主需求做任意收纳功能，在具有木作质感与多用途收纳功能外，也是业主与客人随梯而息的悠闲角落。

180˚ 机关门

临着卫浴间的苹果绿色门扇，设计成可以 180˚ 挪移，平日当门扇依附在原本壁面时，则是冰箱间的盖板，然而 90˚ 开启之际，则让走廊成为连接起浴室前的空间，顿时成为一个方便衣服穿脱、直通浴室、洗涤梳化都方便的独立更衣间。

历经多次搬家，林小姐早练就了了解自己和归纳生活需求的好功夫，她认为，小空间中收纳往往是最让人介意的，尤其先前的住房经验，还一度让她因空间不足须将鞋子跟书籍归位于同一处！因为工作而经常接触日本文化的她认为，如果日本胶囊住宅可以有这么多 good idea，打造完美小空间绝不是梦。

180°

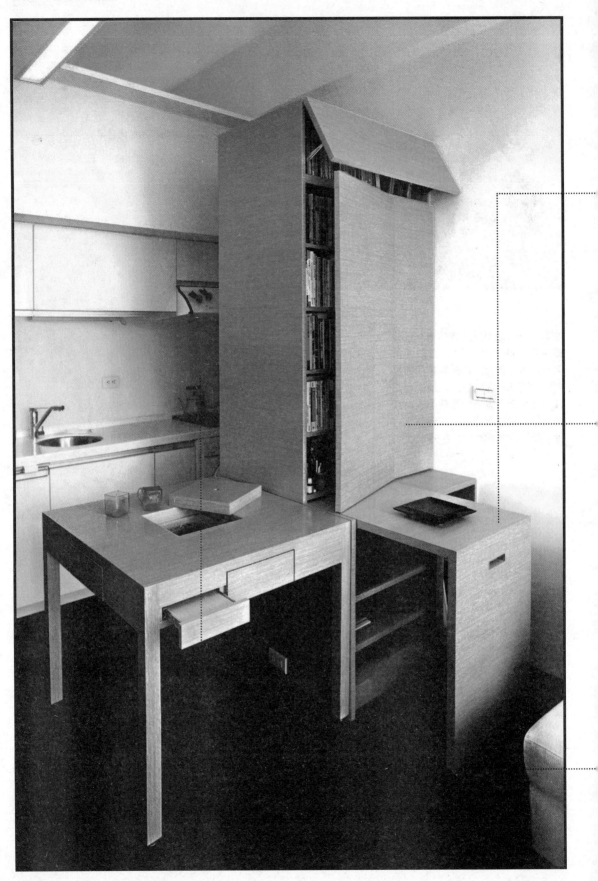

变形金刚三面柜

只要一提到 921 地震，她自制的收纳隔层倒了，压碎了多少她最爱的杯盘，形同毁坏了不少旅行生活点滴的小物，就让她痛心万分，不过，林小姐说，现在她再也不用担心了，不光是杯子盘子的收藏，就连她最爱的火锅厨具，都因有了这个设计师口中戏称"变形金刚"的三面柜，一面肩负着书柜跟电脑设备的收纳，一面是餐桌也可以是麻将桌，另外一面保护着她的餐具收藏，而让人着实安心不少。

后方为可抽拉杯碗柜

一进入空间首先便可感受到眼前的立柜可是精心设计的秘密武器！柜子的一侧倚着墙面，三向中，对着客厅的一方是根据打印机、传真机和书籍所设计的工作台面；对侧临厨房流理台处，则是作料理时餐台的延伸；最精彩且打动林小姐的，莫过于餐桌板完全替火锅族考虑的贴心：桌面中央挖空处可供电磁炉跟锅具摆放，桌板下缘的平板抽屉，让备餐摆盘更充裕，即便整个桌面都摆满时，也可以暂时将使用中的佐料与杯盘放在侧边拉出的台面上，如果平日非用餐之时，可以将中间镂空处的木板填回，马上就可以变成方便朋友相聚，打打小麻将的地方。

蛋糕层叠装修术

多功能的品味时尚屋

CASE02
设计优质选
功能屋
业主分享

这个空间对于业主许小姐来说，是一个珍贵的小天地，她希望可以拥有一个自己在一天或一周匆忙行程之后，全然放松独处的小窝，也许周末时候，相约三五好友聚首，聊聊心事，分享一下生活的感受。设计：摩登雅舍设计

小机关大聪明

设计师 vivian 表示，小空间的家具，无法依赖家具店的成品挑选搭配，因为小面积案例在尺度上有各种不同的限制，所以，当他们在面对这样的案子时，除依方案量身定做之外，更会利用木工师傅现场制作的技能，为许多家具小物赋予更多的功能性，这也是小空间得以更充分利用的不二法门。单是沙发座，平日即是配有小茶几的沙发椅，当收起茶几时，即成为到访留宿客人的睡床。

功能型可收式楼梯

连接楼上楼下的阶梯特别设计为活动可收纳的方式，不但完全不占用空间，也突显了设计师的巧思。

伸缩穿衣镜

从楼梯收纳侧边亦可以拉收出穿衣镜，方便主人穿搭衣服和出门前的整装。

第一次推开门进到这属于许小姐的小窝，透过两向的小阳台，午后的阳光就这么轻轻洒落，配合着柔和音乐流泻着，室内透过垂直方向分隔出三个层次：电脑工作区、客厅影音区、卧室与衣帽间阁楼，除了让人感叹麻雀虽小却样样具全之外，更能感受到设计师透过如同蛋糕塔般的垂直格层，适时地将小空间中属于私密跟开放的空间做出微妙区分，这也让朋友聚会其中时，彼此更能放得开，就算彻夜促膝长谈，客厅的定制沙发也可以轻松地变换成留宿客人的睡床。

节省空间的美感设计

卧房设计融入业主需求与设计师的
创意巧思，在镜面使用上考虑到卧
室该有的私密性，特别在镜面下方
使用雾面处理，让楼下视觉无法穿
透楼上卧室，但从卧室却能轻易看
到楼下空间，另外，在衣物收纳上
设计简便吊衣杆，便于业主快速收
纳换取衣物，不但可以节省空间也
可以创造美感。

灰净楼梯打造时尚感

利用灰净楼梯串联入口到客厅的
两个楼面，在楼梯下方巧妙设计
收纳与展示共用的橱柜，打造质
感与时尚感兼具的设计风格。设计
师 vivian 说，在她接触小空间的设
计经验里，其实相较于一般家庭的
格局来说，因为进驻的施工人数有
限，所以不仅造成工期较长，有时
候花费也容易因为一个不留神而超
支，所以针对预算的部分，往往就
需要专业者——设计师们从旁做最
有效的管控。

以小面积空间较常需要采取楼面增
加的行为来说，这部分的工程预
算，会是他们在设计初期，就先提
醒业主们，需要预留较多预算的部
分，除此之外，家具跟使用材料
的部分，都可以在实际制作之前，
与设计师清楚的沟通，达成效果最
佳，但花费最合理的共识。

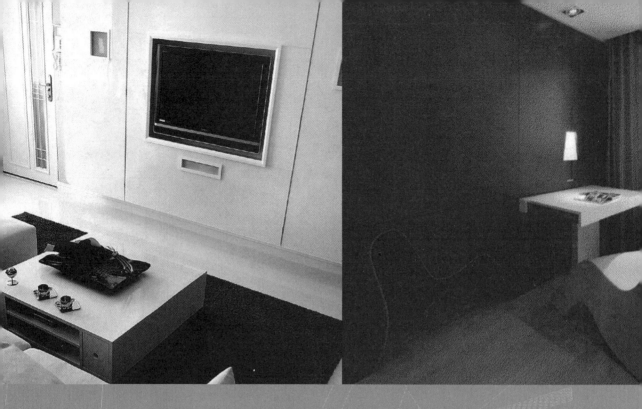

PART 2
全能住宅机关王 14 招

THE BEST INTERIOR DESIGN BOOKS

Before+After

柜子变成楼梯？墙壁可以拉出一张书桌？电影场景里才会出现的神奇机关，也能真实应用到住家设计，不用再怕面积不够大，"特殊五金"替你解决各种收纳烦恼，来自中国台湾、英国、日本的设计师创意，赶快偷学几招吧！

机关王收纳立刻学

家具不只是创意

多功能魔术变变变

五金提供 / 刘三五金 886-2-23689249

MADE IN TAIWAN

机关王 木耳生活艺术室内设计

IDEA
01

沙发魔术方块 · 客厅变亲切客房

铜轮、铜扣：在坐垫底板下安排四个铜轮，增加业主的移动便利性；铜扣则可以固定座垫与背板，使用上才不会造成晃动。

最适用：小户型空间偶尔有留宿客人需求，若没有多余房间，可以将客厅变客房。

A

B

C

Ａ厅 → Ｂ房 → 收Ｃ

★冯正兴设计师将客厅沙发家具重新赋予收纳功能，四块由实木组合构成的结构体，拆开来看分别有靠板、坐垫功能，并在底板处增加收纳格。

★沙发像魔术方块一般可以调整位置变成一张大床，客厅也可以是个亲切的客房。

★好的收纳不该购置更多柜子，最好方法是收纳与结构结合。

机关王 Kenny&C 设计

神奇机关五金在这里

人性影音茶几 · 换 DVD 不用再起身

Ⓐ 茶几 → Ⓑ 电视柜

★ 嫌电视墙的视听器材占去
　45cm 以上深度？长型客厅可
　以将DVD 器材、中置喇叭整合
　在茶几里头！

★ 在客厅地面施工前预先在地板
　下埋好管线，了解器材大小
　后，接线并定制约1m×1m 的
　影音茶几。

★ 不用猜拳起身换影片，坐在沙
　发上就能立即控制DVD 换片。

定制茶几： 可以挑选器材合
一的主机，让茶几更轻薄，
建议喇叭挑选白色系会更美
观！最后利用电视本身的厚
度，结合一旁设计深度较浅
的 CD、DVD 收纳柜，完全
不浪费空间。

最适用： 客厅深度不足、懒
得起身换影片的业主。

机关王 摩登雅舍设计

神奇机关五金在这里

弹性机关 · 拉下电视墙变会议桌

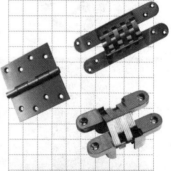

Ⓐ 会议室 → Ⓑ 客厅

★ 小面积空间也有高弹性功能。

★ 利用复合式隐藏下掀手法打造
　木纹电视墙，到了会议时间只
　要拉下木纹墙平摆，就成为实
　用会议桌。

蝴蝶铰链： 依照桌面的大小
尺寸不同，其承重力也不同，
以电视墙的结构来说需要两个
中型蝴蝶铰链，而且设计师还
加了门栓五金加强锁在天花板
下的灯盒上，让墙面结构更稳
固；另外也推荐使用造型更漂
亮的暗角铁，完全看不见五金
裸露出来。

最适用： 起居室兼会议室、
书桌两用，不占据动线的隐
形壁面。

神奇机关五金在这里　　机关王 **大卫麦可设计**

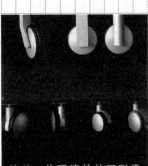

滚轮：单颗滚轮约可耐重20~30kg，而且选择橡胶材质轮轴，还可避免滚轮与地板经常接触而造成地板材质磨损。

最适用：小户型房子创造复合型功能以及家有幼儿者。

楼梯积木游戏 · 组合大餐桌、孩子写字桌

Ⓐ**楼梯** → Ⓑ**客厅桌椅** → Ⓒ**餐桌、点心台**

★任意移动的楼梯，不但能减少孩子独自爬上夹层的危险性，轻轻移动，也是孩子推往客厅的专属座位！

★若是将玻璃桌面收起，层板变成舒适的点心台，楼梯成了孩子最佳的椅子，还能和正在厨房忙碌的妈妈互动呢！

★以在家玩乐为精神主轴，把楼梯当作堆积木游戏，当它推往走道和楼梯侧边的层板，以及躲在冰箱旁的玻璃桌面相互组合在一块儿时，立刻变身可容纳4人的大餐桌。

IDEA 05

夹层楼梯爬爬走 · 变身书柜活动梯

滚轮：木地板、瓷砖地板建议挑选弹性较好的滚轮材质，如 PU，不会在摩擦时产生很大的声音，并建议在前面两颗轮子上加装刹车装置，才不容易滑动。

最适用：夹层空间小楼梯。

A 动线楼梯 → B 收纳书梯

★小户型挑高夹层须善加利用上部空间作收纳，及顶的书柜有时反而难以利用？

★将楼梯附上滚轮，变成一支可以到处爬爬走的活动楼梯，无论是要当作动线梯连结一、二楼，或者当作梯子爬上书柜高处，或是临时搁置物品的茶几，都可以随移动变换角色！

IDEA 06

夹层楼梯不占位 · 完美隐身储藏柜

滚轮：楼梯底部选用单向性、刹车性良好的滚轮系列，同时定制楼梯的每一个踏阶内部四周也要以骨架铰链支撑，强化单点承重，增加安全性。

最适用：挑高空间小楼梯，方便拿取较高的柜体物品。

A 储藏柜 → B 小楼梯

★挑高三米六住宅利用高度规划夹层区域，因为上半部分是作为储物功能，或偶尔提供亲友留宿使用，在使用不频繁的情况下，更无须让"楼梯"的巨大量体占据小户型房子。

★楼梯藏进下方储藏柜内，需要时推出即可，受限于柜体深度而设计的高低错位阶梯，可踩上踏面再利用抽屉式箱体辅助通往夹层区。

神奇机关五金在这里 | **机关王** 幸福生活研究院

和室椅大翻转 · 隐形藏进地板下

电动升降装置：电动和室桌能完全省去五金把手配件，让地板呈现平整、干净的状态。

最适用：多功能架高和室，没有多余空间收纳椅子。

Ⓐ **地板收纳** → Ⓑ **座椅**

★架高约45cm 的和室地板，平常是收纳杂物的最佳空间。

★运用榫接方式让和室椅固定在地板背面，搭配柔软的坐垫，地板翻过来就变出一张椅子，椅背又具有舒适的倾斜度。

机关王 幸福生活研究院

神奇机关五金在这里

打开浴室秘密通道 · 脏衣服直达洗衣间

Ⓐ **洗手台浴柜** → Ⓑ **洗手间**

★将两层楼住宅格局全部拆除，重新调配洗衣间位置。

★在浴室洗手台面下的浴柜保留一个通道口，大约是 40cm×40cm 左右，将每天的换洗衣物投进洞口直达楼下洗衣篮，省去每天提着脏衣服上下行走的时间与距离。

工程： 设计上必须把浴室及洗衣间配置在上下楼层的同一位置，因此单层住宅并无法达到如此的效果，同时洞口打好需要再以泥作修补，然后再用木作封板。

最适用： 楼中楼以及别墅等复式双楼层住宅。

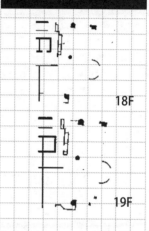

18F

19F

机关王 齐舍设计

神奇机关五金在这里

多道抽屉拉轨 · 衣柜拉出梳妆台

抽屉式拉轨： 善加利用柜身高度，设计隐藏抽拉台面，梳妆台面两侧都需要配置两个拉轨，才能让台面水平拉出。

最适用： 小房间的迷你梳妆台，不占地面空间。

Ⓐ **衣柜** → Ⓑ **梳妆台**

★不论年纪大小，女性总是需要一张梳妆台，然而要是空间面积不够用，最后下场多半会是化妆品、保养品乱丢。

★利用抽屉式拉轨与衣柜结合，就不用额外浪费一个角落去规划梳妆台，掀开台面后还躲着一面镜子，是非常省空间的做法。

神奇机关五金在这里　　机关王 邱舍设计

电视收进橱柜变成画 · 度假放松好心情

电视墙：90°转动的电视主墙，要注意轮轴的载重量，免得活动的电视最后因太重而导致与墙面衔接的铰链变形。

最适用：不想只能和电视机面对面的度假生活。

A 旋转电视 → B 装饰壁画

★支撑轴心柱让电视可移：特别定制特殊五金作旋转的固定轴，让电视橱柜可以作90°移动，因为橱柜本身重量大，须特别注意滚轮的耐重性。

★字画裱玻璃，电视变艺术品：了解业主的收藏，电视另一侧作精美的艺术字画处理，不经过仔细观察，几乎不知道橱柜内隐藏了一台电视。

机关王 **力口建筑**

神奇机关五金在这里

超大型功能开合收纳柜 · 隐身变成视听柜

暗铰链：因为整个柜体在空间中是明显的量体，一定要使用隐藏、美观的铰链。

最适用：从事时尚行业的家庭都很适合，等于是在家中有一座宝库，玄关很小的也不怕，可以把所有物件收纳空间统合起来，可以让室内空间清爽宽敞。

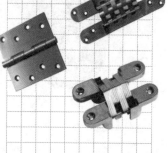

Ⓐ **电视柜** → Ⓑ **收纳柜**

★设计师利用电视墙后方的深度，退让出大约3.3m²的面积。翻转开电视柜后，一间有如更衣室的鞋柜立即现身，大门边的门扇打开，也是常用鞋子的居所。

★可收纳大约200双鞋，也能根据鞋子种类变更收纳高度。

IDEA
12

墙面空间隐身技. 把餐桌变不见

🅐 **壁柜** → 🅑 **活动书桌**

★很少做饭的家庭到底需不需要餐桌？王思文设计师把不常用的家具隐藏起来，利用可调整式的收纳柜体，只要三个步骤就能把餐桌变进柜子里，让空间更具宽敞感。

★整个柜体肩负餐厅与书房双重功能，上班时间，把家具收起来，让家看起来更宽敞，内里还藏有展示层板，等于是可调整式收纳柜体。

止滑定向滑轮：要使用有止滑功能的定向滑轮，才会安全。

最适用：功能使用率低，就把面积还给空间，对人的生活反而更健康。

机关王 德力设计

神奇机关五金在这里

创意居家玄关巧思 · 轻巧变身书桌组

抽屉式拉轨：移动式拼装桌面要留意水平安装的技术，但是使用完毕要收拾好，才会让功能更完美。

最适用：面积太小、需要太多的家庭，活动式的功能满足需求，却不会把房子塞满。

🅐 **玄天** → 🅑 **书房**

★利用平时使用率最低的地方，提供复合功能，就能满足需求，例如玄关、过道等地方，都可以多加利用。

★设计师在玄关处设计一座移动式书桌及移动式矮柜，两个组件从玄关鞋柜中拉出来，经过任意移动就能变成L型阅读空间，一家四口的40m² 小屋里根据不同时间设计使用需求。

机关王 多河设计

神奇机关五金在这里

多功能柜子. 储物、书桌、梳妆台一应具全

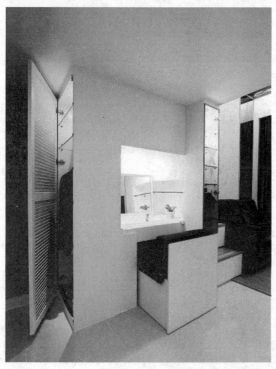

空间运用：好的收纳设计应该能根据物件的大小、高度，给予灵活的变化，否则满是储柜，你会发现大的收不进去、小的叠成一座山，最后就是找不到。

最适用：挑高式的住宅可以考虑垂直空间的层叠手法，尤其是楼梯下方的设计，可以将使用时间短、频率不同的需求设计在一起。

衣柜 → **梳妆台**

★小户型房子就是要创造空间利用的最大值，楼梯下的多功能柜子，通过精准测量的木作方式，整合成"工作站"的观念。

★柜体正面的上掀式镜面打开后可做化妆镜，怕化妆椅阻碍动线，平时就交给与桌子完全密合的嵌入式座椅，不着痕迹地节省空间，打开侧边百叶门扇，合宜的高度和长度，方便吊挂大衣之外，就算放高尔夫球用具也绰绰有余。

PART 3
居家创意机关变身术

Before+After

人不甘寂寞，空间也不甘心只有一种常态。为了拥有更多功能，住宅空间已经进化成变形金刚版本，一个开门、一个按钮、一道墙的移动，改变了空间形状，也改变了使用功能；未来，由时间、行为操控空间形状，我们不再寂寞，因为可以待在家里过更多种生活。

同场加映 23m² 旅店机关王

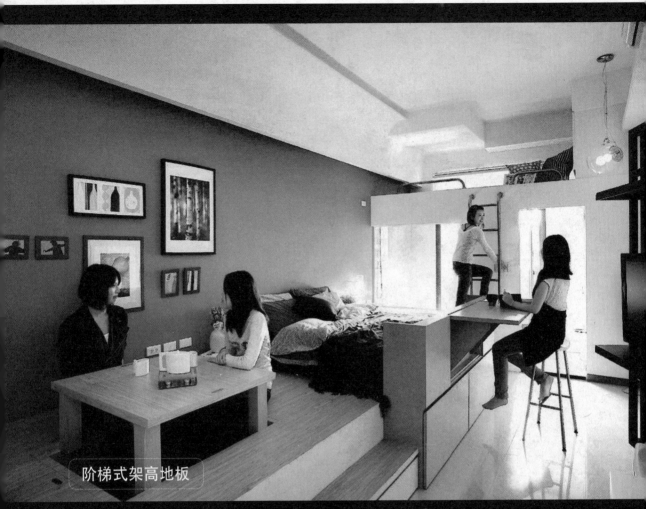

阶梯式架高地板

30m² 小房子变出 6 种生活功能

架高无隔断设计，30m² 容纳好友开 party

一般挑高小户型多半将卧室规划在夹层区，不过此案挑高仅3.4米，室内面积又只有30m²，如果在夹层安排卧室，夹层区高度会非常有压迫感，上楼后甚至必须用匍匐前进的姿势"爬"进卧室。

明楼设计团队突破上述传统思维，利用架高地板手法安排客餐厅、主卧室，以无隔断设计的三个区域，让单身业主1个人时能享受宽敞舒适的空间感，即使4~8个朋友聚会也不嫌拥挤，多功能客厅（和室）能提供4个人喝茶聊天；1~2个朋友坐在小餐桌上网、看书；其中如果有朋友累了还能攀上玻璃浴室的夹层休息区，看看窗外校园里的操场绿意，或是应和着楼下好友们的闲谈趣事。

在小户型的和室客厅中特意将桌子设计成隐藏式升降桌，可巧妙节省空间。

卧室床铺下的活动收纳柜可随意抽拉，随时置放物品，柜子下方还安装多向式滚轮，方便实用。

隐藏式折叠桌可随意收合，不用时完全不占空间。

谁说只有 30m² 的房子肯定没什么变化，明楼设计团队从生活产生的行为去创造功能、收纳，以阶梯式架高地板安排出多功能客厅、卧室、餐厅，而且每个地面都是储物空间，柜子里又隐藏着第二层私密收纳机关，开 PARTY、一个人都好用，空间随时可大可小。

翻转功能让生活完全不受限，看电影、玩Wii都宽敞

　　小房子难道非因面积受限而被迫放弃丰富功能吗？那可不一定，这户30m²小窝有如台湾版的全能住宅改造王，设计团队极尽隐藏、翻转等创意手法，让房子处处躲藏着看不见的超实用功能，重点是一点也不占空间！

　　举例来说，架高地板结构的50cm深度加上隐藏把手，就变成地板收纳盒，根据行走动线、使用频率将生活物品分类储藏，比如卧室床铺下的暗门收纳可摆放不常使用的行李箱，而经常需要被拿取的物品则可收在床铺、和室旁的走道地板上。

　　朋友想看电影、打游戏机也没问题，以定制铁框打造的翻转电视墙，可选择最舒服的姿势调整观赏角度；长方形和室桌只要拉起暗门把手转个方向即可变通铺，好处是节省升降五金费用，又能让双脚垂放得更舒适。

明楼联合设计团队

Say

从生活行为变出收纳空间

　　小面积收纳设计并不适合柜子填充方式规划，缺乏系统性的整合，反而造成空间的压迫感，我们的思考秘诀是"形随功能"，经由业主生活上产生的行为模式，进而衍生出收纳功能，比如说：在家一定需要"坐"着休息、看电视、看书等，将此行为融合收纳功能，柜子除了在立面，也有可能是在地面、床铺下，杂物巧妙隐藏于无形，空间自然变得清爽干净。

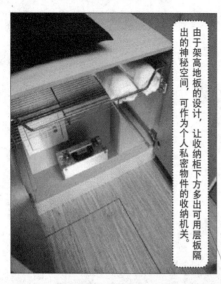

由于架高地板的设计，让收纳柜下方多出可用层板隔出的神秘空间，可作为个人私密物件的收纳机关。

打开神秘收纳机关，10分钟就能让家不凌乱

　　好友们离开之后，抱枕、薄毯、扑克牌、杂志散落一地，可不能让另一半看到这副凌乱的样子，幸好有许多意想不到的收纳空间，除了基本的衣柜能摆放冬天厚外套、大衣之外，因为架高地板的处理方式，衣柜还多了大约60cm高的深度，而且设计师还运用层板区隔。这地下的收纳机关可是只有自己知道呢！

　　最有趣的是收纳柜子也能变成推着走的玩具箱，设计团队同样运用架高结构特性，在床铺下规划一整排的抽屉收纳箱，深度可占床铺的1/2左右，收纳箱装设多向性滚轮五金，能完全推出来整理、放置杂物，箱子中间还有一层活动层板，还可应物品的尺寸做调整，非常实用。

玻璃浴室夹层创造休息区，星光泡澡甜蜜对话

在夹层下方设计成别有洞天的玻璃浴屋，最适合下班后放松心情的泡澡休息区。

　　小房子的浴室倚靠着唯一的落地采光窗，浴缸与主卧、客厅相邻的部分隔断采用玻璃材质，白天时将窗外的绿意光线带进室内，无形中更延伸扩大屋内的景深广度。

　　令人感到惊喜的是，房子还藏了个如树屋般的秘密基地，设计团队利用挑高小空间以C型钢辟出阅读休息区，躺在这正好能看见校园内高大的绿意树影。第二个惊喜之处是在休息区与浴室楼板地面嵌入玻璃盒子，盒内可利用花瓣、草皮装饰点缀，在另一半到达前放好泡泡浴精让心爱的她享受放松泡澡时光，一抬头可见你在夹层休息区，两人时而斗嘴、谈天说笑，泡澡后掀起床铺旁隔屏的隐藏式桌板，摆上两张吧台椅，留下角落吊灯，甜蜜小酌一番。

打开魔术任意柜

通关进入 5 种异想空间

一张可以任意应用的大平台，小孩画画、朋友家人一起泡茶吃饭

没有制式的沙发、电视墙绑住客厅，取而代之的是一张大平台，不同高度的桌面提供垂足、盘坐的可能。因为业主喜好阅读、下棋、品茗，设计师巧妙地在餐桌上设计不锈钢茶具，较高的平台高度让业主不但能看见壶具造型，更能观看茶叶冲煮的痕迹，茶水透过管子流动到桌上如水滴的盘子里，再集中处理。

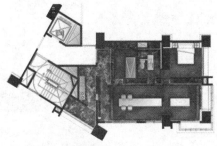

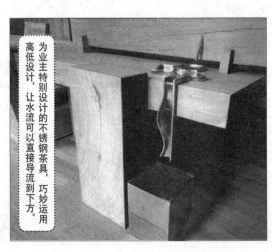

为业主特别设计的不锈钢茶具，巧妙运用高低设计，让水流可以直接导流到下方。

将所有功能整合隐身在一件柜体里，随着柜面开启所有功能与视野，令人眼睛为之一亮。

tableware

TV

bathroom

book

storage

room

没有固定的空间格式，不到100m²的住宅围绕着一座装置物生活着，装置物容纳了电视、书籍收纳、餐盘收纳与通道，通过柜子门扇的开启，决定公共空间的区域精神。它既是客厅、书房也是餐厅，每打开一道柜体门扇，就像瞬间进入另一个世界。

一件装置物盘踞房子中央，随柜面门扇开启视野

　　长8m的柜子如分水岭般隔开了公与私的场所，同时也组构了一家人生活的起点，形成睡眠、沐浴的私场景，与起居、用餐、阅读的公场景。这件装置物的柜体高度不置顶，保留空间的穿透流动性，设计师将"墙""通道"与"收纳"整合成一个大型容器，打开每扇门都有不一样的风景。

　　界定空间时，空间也将因为开启柜体门扇的不同，重新转换场所精神，举例来说，电视柜开启时，整个立面定义出客厅空间；书柜区开启，则定义出书房空间；电器柜开启，又定义成用餐空间；不只如此，甚至柜子其中的三道门扇，也是通往主卧室、小孩房以及浴室的入口。

杨秀川 & 高雅枫

Say

利用"装置物柜子"分享共用空间

　　我们将许多不同功能的装置物摆放在这个空间中，这些装置物符合生活的需求并形成生活的背景，装置物是使用的物件也是公共与私密的介面。空间在不同立面开启时被重新定义，小空间在此模式下，许多空间得以共用，形成一个大的开放空间。

柚木不涂漆保留天然面貌,人分泌的油脂让柚木天天变化

就像空间的单纯样貌,全权由业主行为主导控制空间精神,因此,房子里头也没有复杂的材料变化,水泥与实木呈现自然质朴的精神,吧台以混凝土直接浇筑,在水泥中混入黑烟变成深色,像石头般的厚重质地。

枫川秀雅设计认为实木给人厚实的材料感,其更迷人之处在于随着使用者的活动与居住,木头会慢慢累积历史脉络的质感与纹理,就连小孩在墙壁上的蜡笔涂鸦痕迹,即使擦拭过后,余留的粉末残留在木头纹理,也会成为空间的一部分。而柜体透过不同角度的折面造型,在窗外阳光的映射下,光影也在柜体的折面上形成丰富的颜色变化。

柚木纹理在光线折射下让空间产生多种变化。

吧台以混凝土直接浇筑,在视觉上显得大方利落。

一道 12cm 高的磨石子地, 像座空桥串连公、私空间

所有柜体皆采用隐身设计, 功能性十足。

柜体也暗藏了通往卧室及浴室的空间功能, 设计师以12cm高的磨石子地串联公、私动线, 通过地板的高低落差, 自然形成可坐可卧的平台, 如此行为因空间变化产生功能, 一样随使用者自己定义。因为使用者单纯、空间面积又小, 空间彼此要能相互share, 不能被单一制定, 同时, 杨秀川认为:"居家的某些功能, 又可以被都市功能所share。"举例来说, 他们泡澡时间不多, 在如此迷你的空间不需要额外预留浴缸, 只要走出市区做spa、泡温泉一样能满足功能。

厕所设计简洁大方, 巧妙利用洗手台区隔空间。

设计师以12cm高的磨石子地串连空间走道, 并将所有空调风口设计于上方, 完全不破坏整体空间美感。

二道隐形拉门推推乐

扩大视野带来 4 种格局形态

隐形隔断把廊道变宽敞，享受无价好日光

虽然房子面积有将近200m²，但却因为基地结构呈倒凹字型，从客厅通往卧室的走道非常狭窄，光线也显得有些薄弱，因此设计师将相邻走道的隔断墙全部拆除，各自选择以活动门扇取代。

男主人视听间选择折门形式，紧邻的起居室门则神秘地藏在儿童房书柜与隔断墙内，平常两扇门合起时，走道联结视听间、起居室后变得更宽敞，光线也蔓延至走道两端，早晨穿过每个区域都能被日光包围，感觉舒服极了，同时郭宗翰设计师更运用45°斜面手法铺设木地板，如此又可再度创造延伸视觉广度的效果。

书柜旁的活动式折叠拉门一抽出即可将空间变化为独立书房。

书柜设计成几何隔板，极具视觉效果。

折叠门平时可以完全藏入隔断内，丝毫看不见门的踪影。

并非小房子才需要创造空间的多重利用价值，大房子运用移动隔断不但能令人对空间产生想象的趣味感，经过藏在书墙后方的隐形拉门，利用不同的移动方向、距离，走道变得开阔明亮，起居室也能变化 4 种弹性生活需求。

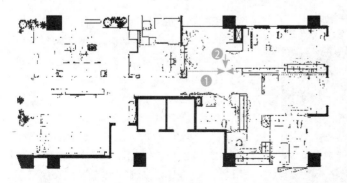

① 隐藏在儿童房书墙的拉门可以往左推到底，亦可推出约 1/3 面积，可以将琴房变独立。
② 起居室预留的衣柜外层多设一道移动拉门，拉出来后可变客房或扩大儿童房区域。

石坊设计总监郭宗翰

Say

隐性隔断获取最大视野和趣味感

　　大家都知道开放形态才能得到最宽敞的空间感，然而在开放的架构下，若无思考空间串联的关系，反而会显得空而不当，这时候除了利用天地壁共通元素，以及软性物件围塑区域属性，若加入可移动的 1.2m 高度墙面，不但能有开阔视野，也因为这些移动性墙面打开人们对空间的感官，让人产生好奇、想象，行走其间享受趣味的转折、多重便利的功能性格局。

sliding door

sliding door

神秘门扇推推乐，母女相伴看书弹琴

隐形拉门可随业主需求收合，充分显示设计者巧思。

　　起居室移动门扇的形式、藏匿位置皆具有特殊意义，郭宗翰设计师让练琴区、儿童房毗邻起居室，每到下午女儿练琴时，收起隐形拉门，起居室和练琴区彼此开放串联，妈妈就能坐在沙发上边看杂志边陪伴女儿弹琴。

　　第二种可能产生的情况是，假如遇到朋友拜访，而小朋友此时需要安静、私密的练琴或念书环境，隐形门扇立刻发挥重新组合格局的效果！只要将木纹染黑门往走道推，同时把儿童房书墙的隐形门拉出约1/3长度，练琴区、儿童房即可变成一间独立不受打扰的房间。

与其要一间封闭的休息起居室,不如用一道灵活的移动拉门取代死板隔断,通过不同的开合方式,一个空间还能变化出多样性的生活形态,郭宗翰设计师说道。比如此案业主经常招待好友们聚会,除了平日开放可作为女主人陪伴孩子练琴、阅读的起居室,当朋友齐聚用餐后,活动范围不再局限于公共厅区,喜欢看球赛的就留在客厅饮酒呐喊,想要喝杯小酒、看场电影就转移到起居室。考虑到起居室必须满足多样生活需求,郭宗翰设计师以黑铁定制了可360°旋转的电视架,让业主弹性变动观赏角度,而起居室选用单纯的黑白双色,延续公共厅区自然低彩度色调,让游走空间的旅程协调一致。

采光明亮的休息区在有特别需求时,即可拉上拉门当成留宿客房。

合起拉门变休息区,邀约好友喝酒聊天

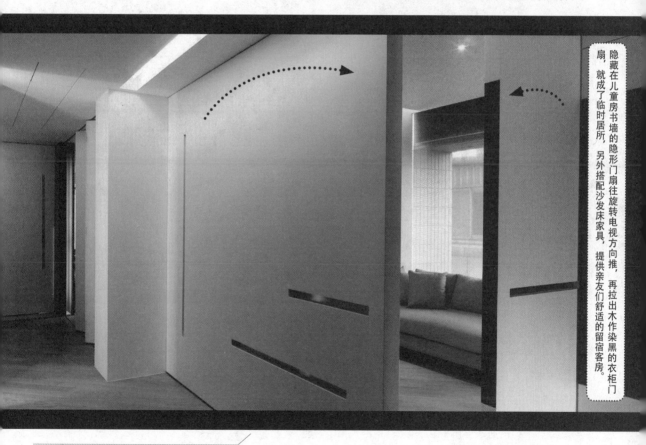

隐藏在儿童房书墙的隐形门扇往旋转电视方向推,再拉出木作染黑的衣柜门扇,就成了临时居所,另外搭配沙发床家具,提供亲友们舒适的留宿客房。

拉两道隐形门扇,变出留宿客房

不论房子面积大或小,如果为了365天不知道何时才派上用场的客房,硬要规划一间卧室,最后却沦为闲置空房,反而是一种浪费。这个方案的两道拉门不但能把琴房、儿童房组合成大卧室,隐藏在儿童房书墙的隐形门往旋转电视方向推,再拉出木作染黑的衣柜门,就成了临时居所,另外搭配沙发床家具,提供舒适的亲友留宿客房。

贴心的是,拉门需要基本的辅助把手,为了担心推拉移动时留下脏污,设计师在白色拉门立面上运用几道垂直、水平分割开口,内部饰以毛丝面不锈钢材质,只要擦拭即可保持干净,也让人对空间内部产生想像。

展示收藏兼备

环保技能＋收纳技能打造艺术空间

开放空间大整合,打造 360° 艺术 show

　　一年有近一半时间都旅居国外的洪老师,买下这间 3.6m 挑高的住宅作为夫妇俩归国休闲的居所,恰好路过精致时尚的宇肯办公室,抱着试探的心态咨询,没想到设计师一针见血地指出格局缺陷,精辟的见解与其他设计师的粗浅规划不同。苏子期设计总监认为,原格局客厅被安排在最边缘角落,另外还有 2 间面积均等的客房,对两口家庭来说,太多房间数只会分散使用面积,尤其餐厅和客厅位置成格局对角线,对家人感情联络也不易。因此,打掉和室,把客厅往前移,将公共区域集中在前侧,而后侧私领域则整合成包含更衣室与书房的主卧空间。

① 原始四房格局切割零碎、动线不良,房间面积都太小;客厅、餐厅、厨房三个公共空间距离过远,互动不足。
② 三米六挑高空间未充分利用。

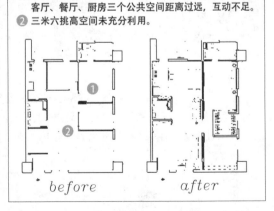

before　　*after*

墙面悬挂的艺术品可随心情移动摆饰。

adjustable hanger

玄关依业主需求, 设计功能各有不同的收纳柜与鞋柜。

hidden cabinets

Shoe cabinet

业主洪老师夫妇常年旅居国外, 为了打造绿色乐活艺术邸, 苏子期设计总监重新调整原先零碎的预售屋格局, 并利用挑高增加 20m² 大的夹层复合空间, 让家里的每个角落都是画作、雕塑; 设计师更贴心选用绿色建材与节能设备, 让夫妻俩搬进来的第一天没有新家的装修味, 住得安心更健康。

艺术品随心情滑动, 画作隐身墙体中

公共空间集中后, 设计师也善用带着美式风味的拱形天花修饰两根大梁, 在深入了解夫妻有搜集画作与雕刻艺术品的喜好后, 除了在客厅背墙量身定做框架外, 屋内四周亦布有勾缝式吊挂设计, 随女主人心情自由变换厨房或走廊的画作, 对应楼梯侧墙贴灰镜嵌展示收纳柜的艺术作品, 整个家就像是缭绕着富有人文气息的艺术天地。

楼梯侧墙变身艺术画作收纳柜。

宇肯空间设计

Sad

利用空间的极致运用创造生活氛围

苏子期设计总监认为, 原格局客厅被安排在最边缘角落, 另外还有 2 间面积均等客房, 对两口家庭来说, 太多房间数只会分散使用面积, 尤其餐厅和客厅位置成格局对角线, 对家人感情联络也不利。因此, 打掉和室, 把客厅往前移, 将公共区域集中在前侧, 而后侧私领域则整合成包含更衣室与书房的主卧空间。

楼上夹层特别设计多功能开合折叠门，打开时延伸视觉空间，关上后保有私密空间。

弧梯创造复式夹层, 增加 20m² 功能空间

考虑到访客或子女回来短期居住, 拥有一间复合式空间有其必要。设计师建议原挑高既然有 3.6m, 为何不无中生有创造大面积的附加价值? 不过全做夹层会使格局挑高折半反而造成压迫感, 所以只在开放公共空间安排最恰当, 于是在靠近餐厅上方多做了 20m² 大的夹层复合空间, 可充当客房或储藏室使用, 夹层向外的墙面全改为双推式银波玻璃折门, 好保持视觉通透, 平常开启也能制造空气对流顺畅, 气顺畅了, 连带人也会跟着旺。

引领夹层焦点的功臣是弧线金属楼梯扶手, 宛若 Flos 经典灯款 ARCO 的抛弧线条, 恰如其分地衔接开放式餐厨区与客厅, 因为多了工作间的阳光, 也让餐厅变得更明亮有活力。此外, 客厅仿照美式住家的壁炉设计, 除上半部穿搭明镜外, 电视墙两旁也各有收纳功能, 左边靠大门者, 专放鞋柜以弥补玄关功能, 右手边则摆放视听器材等用品。

绿色低碳生活正流行!

将绿色装修概念带入设计的宇肯设计总监苏子期说,"LOHAS 是健康永续维持的生活态度, 不只是材料讲究无毒无害, 涵盖如何低预算减少不必要装修, 也是绿色生活态度。"

只要掌握绿色设计原则, 任何居家都可轻松变成无装修毒害的健康乐活家。

绿色技1 → LED 投射灯泡取代耗能的卤素灯

本案装设可节能达 50% 的 EFFL 高效能光感应灯具, 而设计师也建议可以用 LED 投射灯取代传统的卤素灯, 虽然单价较贵, 但其寿命长、耗电量小, 使用约 1~2 年所节省下的电费, 就足以抵过灯具的差价。

绿色技2 → 选择有认证的环保建材

苏子期设计总监的每个案例都坚持选用无毒、无污染有绿色建材标识的建材, 像是绿色建材乳胶涂料、低甲醛系统橱柜, 书房或主卧室更衣间的层板、柜子采用工厂组装, 以降低现场施工造成的污染。

folding partitions

楼上收纳柜也采用拉门设计, 门扇以玻璃镶面, 关上时有空间延伸感。

夹层魔术百变机关

苏子期│宇肯空间设计│

Keys of interior design

01

用墙壁夹层收纳画作

除了厨房、客厅、餐厅墙面预留挂画系统外，因为女主人的收藏丰富，在机械钟后方也暗藏玄机！利用楼梯旁的墙体厚度，打造一个柜宽的小密室，分门别类的储藏格设计，可收纳女业主珍藏的大尺寸画作。

02

三片百叶，收纳化妆柜、穿衣镜、更衣间

女人的化妆用品繁复，最容易让空间变得凌乱！设计师利用三扇可重叠的白色百叶门扇整齐划一隐藏杂物，打开左边门扇，收纳保养品、化妆品，中间是通往更衣室的入口，右边则有落地穿衣镜，也避免女主人化妆整理仪容东跑西跑的时间，可谓最有创意的化妆动线设计。

夹层舞台变成隐秘客房

利用3.6m²挑高增加的夹层空间，特殊开合方式的玻璃折门，让夹层空间既可以是隐私性的客房，平常打开又有如巴厘岛的推门，从下往上看有视觉延伸的效果；大片的玻璃镜，让此区又可以变成小小瑜伽、练舞室，镜子后更能收纳大型行李箱等物品。

开放公共空间配上镜面反射，完全看不出仅 73m² 大；介于餐厅与厨房、浴室入口的狭长走道，以不同色调、宽度的镜面贴饰 L 型墙，增加走道轻快的节奏感。此外，在两扇大窗户中央贴饰明镜，营造两扇窗户联结成一整块的错觉，此乃设计师研究出的缝合手法。

一步一景加乘版

加值幸福，一件设计三人用

一步一景镜面反射，体验放大加乘生活

目前仅小两口居住的空间，不需要制式房间区分功能，拿掉不必要的书房实墙，取而代之的是木格栅墙，让空间感更加广阔。加上"一步一景"利用镜面反射造成的开放空间错觉，每走一步都感受到空间放大的趣味。举例来说，设计师巧妙地将两扇窗户之间的墙体，透过明镜与窗外风景缝合起来。另外，联结通往厨房、浴室的 L 型狭长走道，延续走道底端的浴镜，使 L 型墙变成黑白节奏的镜子通道；甚至，电视墙上的加长明镜，可隐藏电表箱外，也让客厅的宽度比例拉长，空间有加乘效果。

3.5 度镜面仰角有放大空间的效果。算准业主坐在沙发的高度，在视线向前延伸的电视墙上设计镜面，以可视仰角将镜面作倾斜 3.5 度处理，营造视线变广的错觉，具有扩大空间的功效。

以 15、30、45、60 的等比例宽度，配合不同深浅的黑镜、灰镜、明镜做拼贴效果，让天天都会使用的厨房与浴室动线，变得更有趣，也化解走道的窄长感。

如果一件设计有两种以上的用途，那么买到 73m² 的房子也能加倍创造出 145m² 的功能！安藤设计吴宗宪设计师坚持的"plus 加乘生活"概念，成功为詹先生夫妇以 14 万人民币的超低预算，完美实现夫妻俩刚成婚的淡水新宅梦。

一样设计多种功能，享受 plus 加值生活

业主的每个同事来家里拜访时，不约而同都会称赞詹先生拥有一个"好像艺术家生活的居住场所"，不但有着黑镜与白墙间对比的前卫华丽，也有木格栅与橡木家具透露出的温馨质朴风格。吴宗宪设计师说："每个人总希望一件事能有 2~3 种以上的好处，这种渴望促使'plus+'加值概念的诞生。"考虑到夫妻必须共用书房，设定书桌是一个可活动变换的家具、书柜的活动层板更可自由调整。设计师说："家具设计上考虑整体性、多变化及功能性，可以随使用者的功能调整，它既是夫妻俩一起工作的平台，也可以是未来教导小孩功课的书桌、甚至是看顾小孩学习的写字桌。"

安藤设计

Say

一步一景，plus 加乘生活

一开始詹先生看见我为科技公司老板设计的房子，也想要同样木头质感的风格，在室内面积不大的限制下，我建议他们可以选择更年轻清爽的调性；同时，很多物件必须有多功能，所以我提出了"一步一景"与"plus 加乘生活"的设计提案。

打开神秘收纳机关，10分钟就能让家不凌乱

　　这样的概念延伸到预留的儿童房，plus 的观念希望儿童房能兼具和室、客房功能，和室地板中央切割成长方形比例的和室桌面，平时可以收在地板下，转个角度抬升利用长跨距（左右各加5cm 宽度）直立在地板上，又化身和室桌，节省装设电动升降耗费的预算，至少省下2000~10 000 元。

一道从玄关墙延伸至客厅的带状明镜，有放大客厅宽度的效果，也修饰掉不美观的电表箱。设计师解释，未来客厅有摆放直立钢琴的计划，镜墙下的间接灯光有看谱照明功能。

省预算零排放环保概念，拥抱健康生活

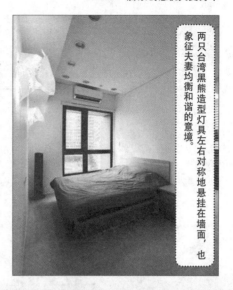

两只台湾黑熊造型灯具左右对称地悬挂在墙面，也象征夫妻均衡和谐的意境。

吴宗宪设计师认为："不需要过度装饰，在有限的预算下，可以挑选设计灯饰为空间加分。"像是主卧室挑选两盏不到600元的台湾黑熊设计灯饰，空间感立即变时尚。灯光不只能营造气氛，灯光穿透也能串联空间，像是客、餐厅的灯光设计采用双排嵌灯串联，不同的灯光回路，依照天光变化依次从内侧向靠窗外侧开启，也具有节电效果。

许多业主装修时很兴奋地装设卤素灯照明，但为了省电都不敢长时间点亮，因此他将卤素灯全换成低温、寿命长的LED灯，使用效能更长。同时，占室内最大面积的墙壁天花采用竹碳健康漆，就像房子绿色的肺过滤空气中有害的物质。即使是小预算，只要掌握住经济绿色重点，一样能有健康优质生活。

玄关梁柱与浴室形成的不规则结构，利用凹面设计玄关鞋柜，覆盖上大面积黑镜变成餐厅主墙，透过镜面反射效果扩大空间视感。

一件设计多人使用

吴宗宪｜安藤设计｜

Keys of interior design

01

儿童房的床＝收纳箱＝客人用的和室

小孩房为架高和室地板设计,和室地板中央切割成长方形比例的和室桌面,
平时可以收在地板下,转个角度抬升利用长跨距直立在地板上,又化身和室桌,节省装设电动升降耗费的预算。

02

夹层舞台变成隐秘客房

位于主卧浴室入口与衣柜间的梳妆桌,特别要注意动线打结问题,设计师将桌面与椅子设计成一体成型的梳妆桌,除不占空间外,桌下两侧、椅面下还附有储藏空间。

03

两人用电脑桌=亲子读写功课桌=一人用写字桌=看顾小孩活动桌=两人迷你餐桌

传统的60cm书桌供夫妻俩使用并不方便,于是设计师在书房区设计可活动式书桌,将将台面加宽20cm,可随需求调整到靠书柜或倚木格栅位置,既可以当一人书桌,也能两人使用。

客厅主墙面与廊道的转折处，利用镂空 L 型结构设计淡化走道压迫性，茶镜也有放大空间的效果。

功能加倍收纳设计

All in one 收纳无所不在

功能整合在一起,创造空间大惊奇

　　考虑到预算以及原有格局还算良好的情况下，翁设计师选择将书房纳入主卧室，如此一来不是反而让主卧室变小吗？当欲望功能大于空间面积，最简单的方法就是"整合"，翁设计师说道。

　　其实"功能整合"大有学问，他将主卧室隔断往后退，利用60cm架高地板，以及双功能柜体，组合出更衣间、书房、收纳空间，刻意加大的斗柜另一侧用来作书桌，高度适合的地板正好成为最舒适的座椅；由于架高地板处理，轻松即可拿取衣柜上层物品，而地板深度亦可规划为三组大型收纳空间，连主卧、走道的天花板交界面也能变成秘密储物空间，超乎想象的大功能让业主刘太太惊喜不已。

架高地板，整合更衣间、书房、五斗柜。将原有书房纳入主卧室，以 60cm 架高地板巧妙规划出各种功能，倚墙面有整排衣柜，架高地板是书桌坐椅，掀起来有收纳空间，而书桌背面又是五斗柜，可谓小空间大利用的最高境界。

走道与主卧室相邻墙面往后退，让出空间规划书柜兼展示柜，搭配开放式、玻璃门柜子形体拉出宽敞感。

总是能用极富创意的收纳设计，引来众人一阵惊呼，翁振民设计师这回对付拥挤凌乱的二手房，采取 All in one 功能整合概念，把更衣间、书房、五斗柜、杂物收纳通通集中在架高地板区块，空间一点也没缩水，还有拉大视觉的效果。

家具空间化 门扇是鞋柜

令人惊讶的创意收纳不只如此，原本有如堆堆乐的鞋盒完全清空，设计师利用玄关结构墙嵌入落地鞋柜，将近70cm 深度虽然能塞下两个鞋柜，但若采取传统柜体方式分成双排，内层反而难以拿取。于是翁设计师灵机一动，巧妙让外层鞋柜当门扇，考虑到柜子+鞋物的重量，外层鞋柜底部加装滑轨五金，打开后与内层鞋柜呈90°，鞋子种类一目了然，更拥有多达百双的收纳容量。

幸福生活研究院

Say

每个角落都有功能收纳设计

回想起刘宅装修前的状态，推开门竟然是用鞋盒堆叠收纳鞋子，多年来累积的孩子玩具、CD 等杂物占据客餐厅，两间浴室不但比例小，简易塑胶层架早已无法摆放各式沐浴用品，主卧室衣物容量、梳妆台物品的空间也不足够，简单来说必须在有限的空间内解决一家五口的收纳问题，透过功能整合、家具空间化概念，增加许多意想不到的收纳惊喜。

根据现有影音设备量身定制电视柜体，而拉抽式橱柜则完美隐藏原有散落各地的 CD。

量身定制,影音整合

另一方面,开放公共厅区则以量身定制手法,整合影音设备器材,刻意未及顶的电视主墙兼隔屏,让视野保有穿透延伸性,同时将原来临近主卧的走道隔断往后退,争取空间安排展示柜、书墙与沙发主墙衔接的柜体,以镂空台面构成,通过L型缺口降低廊道的压迫性,并贴覆茶镜材质创造放大效果。

空间背景选用秋香木皮贴饰,与户外自然山景气息形成呼应,散发着一股闲逸氛围。

拉门镂空，空气对流

毗邻的餐厨区域采取活动拉门方式划设，解决开放空间油烟飘散的问题，拉门特意采取中空板材质，其轻盈特性可减少悬吊式拉门的晃动感。此外，翁设计师还将阳台出入动线挪至餐厅，以双推落地门取代，选用夹纱玻璃遮挡阳台晒衣的视野，且拉门不做满，保留部分镂空设计，无须打开拉门即可让室内空气对流。

餐厨之间以活动拉门区隔，解决油烟飘散的问题，酒红色圆型天花则有延展屋高的视觉效果，同时也让空间主题更为鲜明抢眼。

主卧房撤去杂物堆置，让角窗景观现身，成为赏景阅读休息区，另外同样以定制方式打造储物量充足的梳妆台。

再造有氧新空间

柜体结合隔断层层引光

开放视野拥抱明亮绿意

　　首先取消厨房隔断墙,将原L型厨房短边台面加长,与开放厅区形成通透开阔视野,同时多出下橱柜、宽大舒适的台面利用,其次水槽前方以玻璃隔屏规划,让廖太太洗碗时还能望见书房外的绿意,生活随时有自然相伴。

　　预留书房同样拆除隔断墙,放大原有走道宽度,也让光线层递提升明亮度,同时书房和客厅之间以大理石电视墙区隔,上端采用清玻璃材质与天花板衔接,打造穿透轻盈的视觉效果。最具互动趣味的是,书房临窗边规划架高休息区并贯穿至客厅,两者形成自由互通动线,通过流畅无阻的开放动线设计,公共空间变得好宽敞,随时都能感受舒适的阳光、绿意。

由客厅望向餐厨,卸下隔断墙后视野开阔,利用墙柱结构嵌入家电柜、玻璃展示柜,完美整合收纳功能。

书房临窗边以架高地板的方式，结合休息阅读、卧榻功能，开放式柜体则提供弹性的收纳、展示等功能。

拥有流畅通透的阳光、空气，房子就能给予正面的情绪能量！伊像设计以自由穿透动线重新整顿成新屋格局，结合宽大的临窗卧榻以及自然素材运用，创造出环抱日光绿意的舒适氛围，而根据空间结构贴心规划的附加收纳功能，更让业主赞美不已。

架高卧榻让人赖着不想走

不仅如此，李湘婷设计师刻意将书房架高平台拉大为100cm宽，提供自在惬意的坐、卧空间，而且架高结构又具备抽屉置物功能，当转折至客厅面则变为影音设备柜，以连贯性线条材质设计整合收纳，创造更形开阔大气的无限延伸感。

赋予空间多利用性概念切换至其他场景，设计师巧妙利用结构柱身、隔屏兼端景手法变出丰富的柜子，比如厨房结构柱所产生的畸零角落，妥善规划展示柜、家电设备与衣帽柜；玄关入口则以大理石、茶镜打造悬浮柜体兼端景墙，增加使用频繁的鞋物储藏量；沙发旁预留壁柜，以开放式层架展示众多的旅游纪念品，也成为架高休息区望向客厅的美丽端景，根据空间结构合理安排的收纳功能，廖太太笑说再也不怕东西没地方收，反而还有很多柜子都是空着呢！

伊像设计

拥有日光绿意才有舒适生活

对一家四口来说，新成屋四房格局非常符合需求，比较可惜的是客厅的充沛光线进不了厨房，而建筑商预留相临客厅的书房压缩走道，这堵墙也挡住日光绿意，听起来似乎得大幅更动格局才能解决，李湘婷设计师分析说道，其实只要些微调整隔断材料、方式，就能创造阳光、空气、面积最大值。

符合需求才是完美设计

在业主廖太太与设计师的讨论过程中，一开始即表明希望新家能呈现出干净素雅的样貌，尽可能以简单线条处理，但出乎意料的是，设计师还让空间多了男主人喜爱的自然禅风味道，比如玄关入口以木格栅天花板布置，配上印度黑大理石、石头漆，注入沉稳宁静气氛，达到让人一进门就有放松情绪的效果。

玄关底端以茶镜规划端景兼收纳柜，铺设雾面、亮面印度黑大理石，石头漆壁面等沉稳色系，以及木格栅天花造型，流泄宁静放松的气氛。

书房休息区以自由穿透动线设计，衍生多面向的宽广视野，而沙发主墙特别设计的壁柜，正好成为独特的美丽端景。

以滑轨五金配件结合 LED 壁灯，就能把灯光藏在书柜底部，不但省空间，而且方便前后移动选择适当的距离。

贴心设计提升附加价值

　　设计师甚至贴心地为业主创造出许多空间的附加价值,厨房烘碗机背面以白橡木壁板包覆后,饰以烤漆玻璃、层板做出立体造型,除了让空间增添层次美感之外,烤漆玻璃也成为业主夫妇和孩子们的互动留言板;小儿子卧室为了削弱大梁的压迫感,利用大小圆形天花板修饰,并在里头藏设蓝色LED灯,兼具夜灯的作用。

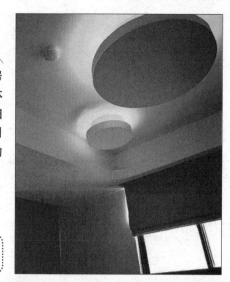

次子房特意设计圆形天花造型,内藏 LED 蓝色光源,不但修饰大梁视觉,更贴心具有小夜灯功能。

无法拆除的柱子结构深度,妥善规划成电器设备柜,搭配无把手上掀式门扇与拉轨大台面,各式家电通通放得下,取用也非常便利。

烤漆玻璃、白橡木修饰烘碗机背面,同时附加亲子互动留言板,牵系着一家四口甜蜜情感。

功能重叠隐身版

弹性大厅变家族电影院

隐形重叠功能，把厅区变游乐场

每到周末就是家族成员聚会、看电影的 happy hour，因此设计师在落地窗边规划长卧铺，当亲友一多即是最舒适的座椅，而巨型的投影幕可自由升降。

　　星火设计首先将两户的隔断墙拆除，并把客厅阳台纳进室内，获得一望无际的大窗景和充沛光线，同时重新整顿大单位走道，不但解决门对门禁忌，也把走道纳入卧室使用，让房间多出起居室功能。

　　宽阔大厅区经由无隔断的架高和室设计，提供弹性、多样的生活形态，利用大面落地窗边规划宽度达80cm的坐榻区，当亲友一多就变成最舒适的座椅，再从影音柜下拉出移动茶盘，长辈们还能边泡茶边赏景；到了周末电影院时光，大家甚至抢着坐有如电影院后排的和室地板，小朋友们想画画也不怕没桌子，设计师利用培林螺丝五金，将桌子藏在展示柜内，好收又不占动线。

原进门的小厨房动线非常局促拥挤，以暗门手法规划为储藏室，解决四代同堂的杂物收纳问题，而入口转折壁面设计悬空式鞋柜，多达十一层空间足够摆放数十双鞋子，另电表箱开关也利用积木盒子修饰，同时又能放置钥匙。

客厅墙面以草绿底色搭配黑白，呈现立体层次的效果，打通后的双拼房子也揽进高楼绝佳景观。

两户打通后的大宅，公共厅区不再仅是以家具填充，结合架高开放和室、客厅临窗宽阔的卧榻设计，以及隐藏活动式茶盘、和室小书桌机关，让大厅区成为孩子奔跑嬉戏、长辈们聊天泡茶、亲友们看电影院的绝佳场所，每到周末都热闹滚滚。

墙面是画布,柜子家具变积木

"把柜子、家具当积木玩，看起来才不会压迫又无趣！"对空间量体设计很有想法的设计师说道。以张宅来说，设计师大量利用量身定制方式，透过几何块体、线条搭配对比色彩，让电视柜、展示柜具有多种表情，打破呆板立面的印象。像是姐姐房间的定制电视柜就具有弹性伸缩功能，当柜子拉开所产生的空隙，就变成实用的CD收纳区；兄嫂卧室的定制书桌更是一绝，设计师把厨具的抽屉拉篮五金用在此，立刻变身最佳收纳保养彩妆机关，随时维持桌面的整齐。

星火设计

Say

满足家庭成员所需, 创造和乐功能空间

业主张先生一家是难能可贵的四代同堂，考虑到旧居空间不能满足使用，老式木作装潢把每个区域都隔死了，缺少互动之外，空间也显得很拥挤。决定换屋后张家买下两户大楼单位，希望经由打通合并扩大房子面积，陈震远设计师建议以"开放隔断"、"功能重叠隐形"手法，满足家族成员各自所需，同时让厅区变成宽广游乐场、电影院，凝聚家族互动情感。

宽敞中岛厨房，满足双人下厨

四代同堂的生活习惯不比小家庭单纯，以张家为例，平常下厨多半是婆媳互相帮忙，原始的窄小厨房根本无法让两人自在舒适的走动，一方面长辈不喜欢全开放式厨房可能产生的油烟，另一方面过去曾发生奶奶忘记炉火正在煮水的事情，这些都是新居急需解决的状况。最后星火设计决定拉大原始厨房面积，以半开放中岛厨房形式规划，结合喷砂玻璃拉门，既能将采光引入厨房又能阻挡油烟飘散，厨房空间变大后，走道宽度获得将近110cm的距离，两个人擦身而过也不拥挤，而手工打造的不锈钢中岛厨具，也贴心配置橱下型净水机，只要打开龙头即有干净的冷热水供饮用。

> 善用滑轨抽篮收纳瓶罐。常见厨具的抽屉拉篮配件，灵机一动用来搭配量身定制书桌的侧边抽屉，最适合收纳瓶罐，还能完全拉出一目了然。

> 拆掉原有两户的隔断墙，开放的客餐厅瞬间变大了，厨房则利用喷砂玻璃拉门区隔，留住光线和通透感又能挡油烟飘散。

创意巧思设计,体贴个人需求

　　除此之外,星火设计更和每位家庭成员进行沟通讨论,了解每个人的兴趣、喜好或是睡眠习惯与收纳需求等等,并运用极具巧妙的创意,透过墙面色彩、家具材质的变化,创造丰富的视觉效果,让四代同堂挥别拥挤凌乱,沉浸在拥抱开阔舒适大屋的喜悦中。

Activity Desk

旋转写字桌隐形好收。客厅后方区域规划为架高和室,亦可作为小孩的第二游戏室,地板下正好收纳私密文件,另外,舍弃展示柜的其中一个底层抽屉,以培林螺丝锁上桌子即可轻松拉出,平常则完全藏在柜体下方。

岛型厨具利用不锈钢手工打造,借此呼应铝框拉门的现代质感,更兼具易清洁、抗菌的优点。

Sliding Table

宽大坐卧位,多人都舒适,同时定制 L 型茶盘结合轨道五金,平常可收在影音柜下,又能任意移动茶盘,选择喜欢的泡茶景观。

一踏入门口，住家在砖墙、抛光石英砖、纱帘等不同材质的白色元素配搭下，与自然木色互相搭配，表现出浪漫的白色层次感。移至住家中心的电视活动主墙，则可依需求自由区隔空间。

Sliding wall

小空间更衣室

滑动机关打造 30m² 浪漫伸展台

活动电视墙打造自由动线，拥抱光源分享空间

在一般的格局规划中，30m² 小套房通常经由功能预设为客厅、厨房、卫浴、卧室等四区块，但陈焱腾设计师认为，如此一来室内面积将会因为实墙隔断更显狭小，也无法彰显两面开窗的边间优势。

因此陈设计师采用开放式概念，大胆将电视主墙移动至住家中心，使其除了视觉主景外、也扮演灵动的区隔角色，女主人可依功能需求推移墙面，让空间展现最大的自由度与使用弹性，无论电视墙如何移动，住家都能享有两面光源。"改变原有的主墙面设定，也解决了电视墙与往二楼动线重叠的问题；光线穿透的开放采光则让居住者不会有处处碰壁的感觉，在小户型住家设计中这种自由感格外重要，加上室内空间也因为视觉上的延伸，达到1+1＞2的效果。"设计师说道。

透过不同白色材质的层次，呈现如法式家居的优雅氛围。

运用卫浴与楼梯下所规划的更衣室，清玻璃区隔卫浴的易潮湿环境，除了充足衣柜收纳，吊杆悬挂让女主人的衣物成了住家最精彩迷人的装饰品。

慵懒的氛围、洁净迷人的白色伸展台，是陈焱腾设计师为美丽的女主人巧手勾勒出的住家轮廓，透过不同材质、深浅层次的白色晕染，30m² 大的小户型除了功能便利，更具备丰富的视觉层次与时尚灵魂。

fashion show！更衣室模拟伸展台概念

陈焱腾
a space design

Say

重建视觉主墙，打造专属时尚风格

30m²小户型也可以拥有更衣室？没错！

由于是单身女子住家，衣物收纳规划格外重要。然而，庞大的收纳柜体在小套房中会造成视觉阻隔问题，所以陈设计师采用"展示"方式，利用卫浴前方划分出更衣区块，以清玻璃材质分隔干湿功能，让原本想象中封闭的收纳柜释放出来，成为重点功能区块，由漂亮衣物担纲演出，搭配后方视觉穿透的明亮卫浴为背景，就像是专属的伸展台与show room，不仅为住家注入业主自有的风格色彩，也为女主人带来私密独享的小小乐趣。

简洁的30m²小套房，在位置上拥有大厦边间采光好与远眺松山机场夜景的优势！但原本格局规划中，一入门便正对透明浴厕，视觉上颇为尴尬，另外，预设的电视主墙与前往二楼的楼梯动线重叠，在朋友来访的情况下，主要视觉墙区旁却有人爬上爬下、绝对会影响日后居住的舒适度。因此如何让室内更加开阔以及动线打结问题，成了设计师急需解决的首要任务。

厨房折叠收纳桌，满足多种需求

"更衣室除了是收纳也是展示，是功能空间也是最具备业主风格的独有装饰。"设计师希望在有限的空间中，让每个必要存在的元素表现出多重功能，例如电视墙是视觉主景以及隔断墙；厨房可折叠收纳的餐桌，除了可充当在家办公的临时书桌外，也是烹调时的备料放置台。多功能设计成功简化了视觉线条，也大大提升了小户型的使用面积。

采光明亮的厨房设置可折叠的餐桌，供业主用餐、烹调、临时工作时使用。

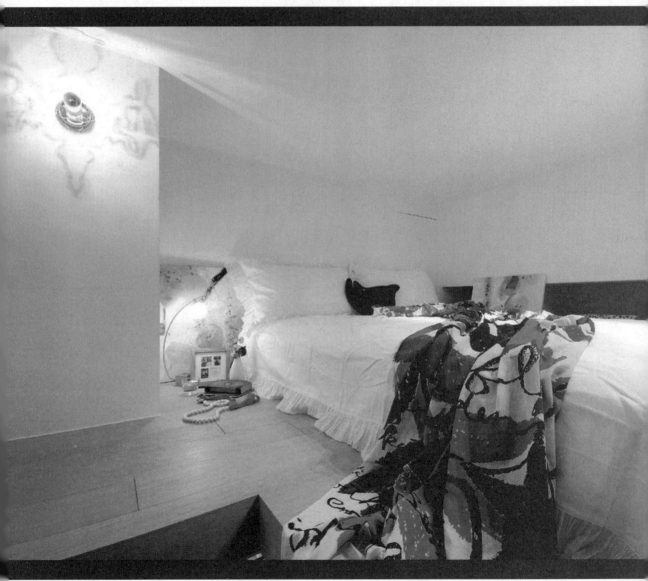

深浅层次晕染，隐形 wall 界定白色住家

　　"不爱样板房的呆板，希望能有与众不同的感觉。"女主人如是说。对于业主风格上的要求，陈设计师在净白基调中混搭清浅的原木色彩，简单的概念却能营造优雅的纯白自然，加上经过手工敲打自然砖墙表面的粗犷触感，打造专属于女主人的时尚慵懒风貌，回家就能舒适无压地身处其间。设计师继续说道："住家以大面积的白色作为主要色系，利用材质粗糙或光滑、轻柔或厚实等自然条件，表现出层次感，色彩统一视觉，材质却能赋予空间深度。"举例而言，光滑的抛光石英砖地板搭配客厅落地窗的大面积蛇形帘，再加上一道设计师手工打造、具备凹凸斑驳纹理的砖墙，一片纯白飘逸中，以材质作视觉的隐形界线，区分开放空间之余，亦表现出十足的生活质感。

纯白砖墙，点出全室时尚灵魂，请两位装修师傅进场施工约 3 天，再由设计师亲手在砖墙手工敲出表面凹凸、转角导圆效果，塑造年代斑驳感，最后喷上百合白漆统合全室色彩。

设计师在入门玄关与客厅中、在不影响动线的前提下，设置收纳柜体，方便业主的书籍、鞋类摆放。

以版岩砖贴饰的简洁浴室，为业主营造一个舒服、浪漫的泡澡氛围。

隐藏居家味道

住宅兼职工作室

开放厅区如设计咖啡馆,兼具会议弹性功能

　　放大后的客餐厅、厨房移往空间前半段,获取大面自然采光,工作室比例则缩小并用玻璃隔断打造,规划于毗邻玄关入口,同时与公共区域串联,并且在餐厨规划上,设计师舍弃传统厨具吊柜形式,刻意采取白砖墙与木作层板取代,配上设计感强烈的家具为餐桌椅,包括电锅、小家电等也通过定制小橱柜隐藏起来,减少"居家"味道,让开放餐厨不但有如咖啡馆,也能转换为会议洽谈区。除此之外,原有紧邻后阳台的客餐厅则改为儿童房,最特别的是,黄设计师利用儿童房外通往后阳台的走道,规划出开放式书房功能,并加入活动拉门提供格局的多元运用性,鉴于目前小朋友年纪尚属玩耍游乐阶段,此书房亦可作为夫妻俩的第二个工作室,而往后只要将拉门合起,儿童房即可与书房合并,扩充实用性与隐私性。

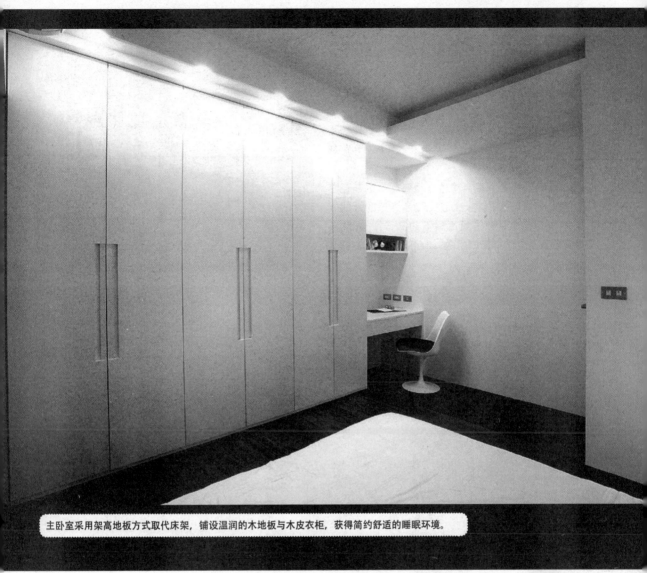

主卧室采用架高地板方式取代床架，铺设温润的木地板与木皮衣柜，获得简约舒适的睡眠环境。

一物二用的收纳机关

小面积收纳功能的设计尤其重要，当初黄设计师为了精准掌控一家三口的物品数量，也请业主陈先生列出如工作室用品、厨房用具等相当清楚的明细，几个比较重要的收纳关键，包括像是夫妻俩众多的书籍、公司账单信件等，如何在有限空间内创造收纳容量，黄设计师以"一物二用"概念，加上创意隐藏手法，让空间保有宽敞感。

黄挺轩
米卡空间设计

居家工作双功能，一屋也能多用途

过去空间有大半比例是作为工作室，对于家庭功能的需求也大，小朋友必须拥有自己的房间，而百余本书籍、公司账单、信件等杂物也欠缺妥善的收纳。由于空间不只是单纯居住，也兼具业主夫妇工作室需求，加上又必须扩增第二间卧室，以及强化公共厅区的生活功能，于是我将住宅格局完全拆除，采用"家具、隔断手法"衍生弹性功能。

开放式书房,不占空间也具有多用途

工作室桌面下的空间深度,往往仅需双脚的宽度即可,于是黄设计师将多余的深度挪作为玄关鞋柜,变成内凹长型柜子,最特别的是长柜为活动式设计,可完全拉出推至客厅当椅凳使用,打开上掀面板又能收纳拖鞋,而鞋柜最上层台面也具有储物功能,里头以方格层板设计,信件、账单、钥匙都能分类摆放。

客厅部分,毗邻阳台落地玻璃隔断旁的白色柜子,兼具储物与座椅功能;通往阳台走道的开放式书房,看似简单能收进桌面底下的三张座椅,其实座椅下都是收纳书籍的机关,如此节省橱柜占据的空间。

开放式书房作为弹性空间,目前亦是夫妻俩的工作室,关起书房外的拉门后,极具隐私性;设计师更巧妙地将座椅与储物功能结合。

简约清爽黑白潮

在风格氛围的部分,由于从事平面设计的工作渴望冷调及设计感,因此黄设计师刻意选用黑色木地板铺陈,天花则以白色为主,让空间呈现简约黑白对比,这股氛围下更夹杂复古气息。客厅低梁刻意不包覆,刷饰白漆呈现原始粗胚感;玄关天花运用染白松木板打造,流露几分loft韵味。而毫无对外景致的老屋,设计师不但将客厅内缩,圈划室内小阳台,选用户外材质延伸,让生活多了自然绿意,最细心的部分还包括,特意在厨具与窗户之间预留5~8cm的宽度,以木作工程构筑,让业主能以盆栽布置,一片绿意盎然满布窗台,令人感到清新舒适,此外,这道长形窗台下还能收纳各式打扫用具,也看见设计师对空间的运用与创意功力。

由客厅通往私密卧室的走道上,延用厨房白砖材料做呼应,带有人文质朴感的砖墙,无须过多装饰即是最佳视觉端景。

儿童房外的墙面以磁性黑板漆构成,让从事平面设计的业主能随性张贴生活纪录,也是和孩子互动的趣味留言板。

玻璃加茶镜

老宅变身人文美域

茶镜拼接储物柜,视觉延伸引动线

经过重新定位、分配的流畅动线,进门后的视野不再长驱直入或散乱无章,特制弧形玄关柜巧妙界定内外并完成视觉的引导,原先大门旁的储藏间入口重新以茶镜切割拼接,利用镜面折射原理,将行进方向导入明亮的加大客厅,空间自然挥发出引人入胜的时尚感与敞度。紧临客厅的采光面增设实用书房,轻透的拉门设计,使两者间的功能可以互补,视线得以自由穿梭。改造后的客浴在舒适度与便利性不减反增的前提下,运用切除隔断锐角的技巧,创造过道区曼妙的转折与角落收纳的可能,同样是整体规划上的一大特色。

大门旁精致的拼接茶镜立面,打开来内部为实用的衣帽间即储藏间。

明亮的客厅以清新的米白色系整合，别致的 R 角天花造型，巧妙模糊交错的屋顶横梁。

隐身于都市中的老房子除了房龄长、房况较差外，多数都拥有生活功能便利、特色历史背景、人情味浓厚等特征，相对总体屋价也较低，因此吸引了许多购房族、或是眼光精准的投资客青睐。这处由春雨设计负责整体改造的精彩个案，正是老房子脱胎换骨成为现代美境的经典示范！

独门收纳巧思，小空间也有多功能

将其中一间房间挪给餐厅使用，找回与变更门后新厨房的功能串连。餐厅旁的客房设计，考虑到如何将户外的光线，引进无对外窗的摩登餐厅，所以大胆地以复合的玻璃材质取代封闭的实墙隔断。功能丰富的主卧室运用旧有的两房合并规划，涵盖温馨的睡眠区、二进式的更衣间与专属卫浴，以及春雨设计独门的惊人收纳妙想。到这里，空间俨然有了不只180°的转变！

周建志
春雨时尚空间设计

2＋1 房，打造个性风采

这是一户屋龄将近 30 年的老房子，紊乱的动线与狭窄、分割零碎的室内隔断，并不符合新主人现阶段的成员需求。进行改造之前，详细的结构安全、基础工程复查十分重要，是确保未来起居恒久舒适的一大保障。春雨设计团队将重新依照新主人的成员需求、喜好一一量身定做，将狭隘的 4 房改为 2+1 房，营造令人耳目一新的个性风采。

开放式书房,不占空间也具多用途

一进门的玄关区,墙面以质朴的抿石子处理,洋溢自然、沉稳的休闲感。精致的R角天花造型巧妙消除梁柱,呼应集成柚木打造的弧形玄关柜,地面则铺设洗练现代感的锈铜砖材以划分空间属性,不仅展现起承转合的结构张力,也善用多元材质融合成与众不同的第一印象。明亮的客厅以清新的浅色系勾勒主题,采光区局部立面抿石子和富于层次感的天花造型,传达设计元素的一致性,别致的电视墙两侧以立体波纹板修饰,右侧墙面原有的凹陷处,则在设计师的创意中以不规则的几何趣味,表现收纳艺术的无限可能。

以清透玻璃拉门取代封闭隔断的书房设计,让客厅的视野获得延伸,采光也变好了。

利用墙面原有的凹陷规划为别致的几何收纳柜,成为客厅出众而实用的视觉焦点。

花卉图腾勾勒时尚餐厅

洋溢图腾魅力的时尚餐厅，成为主人夫妻在家约会、谈心的最佳场地。

　　通往餐厅的优雅廊道，起伏有致的柔和照明，营造出转折的含蓄美感与想象空间，设计者一方面以蜿蜒序列的栅状天花造型引导动线，一方面搭配墙面浪漫的壁纸花卉与底部茶镜带收边，丰富沿途的风景与扩张空间感，将人们的惊艳，从客厅延伸至情调满点的餐厅空间。餐厅内最醒目的焦点：首推由餐桌侧面向上延伸弯折的黑灰花朵立面，设计师配合餐桌的位置，以弧线的延伸丰富天花板造型的立体层次，相同的花卉图腾也应用为相邻的精品酒柜背景，加上璀璨水晶灯饰为空间激荡出的缤纷光影，置身其间，真有说不尽的浪漫情思。

主卧室专属的摩登浴间，随时感受超越五星级饭店的奢华质感，将收纳与镜面整合，便利实用。

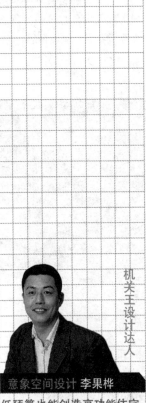

机关王设计达人

意象空间设计 李果桦

低预算也能创造高功能住宅

接到 23m² 住宅设计的大考题时，李果桦设计师决定挑战用 8 万低预算完成多功能住宅，他说："出租用的房子装修预算一般不会太高，设计上以满足基本功能为主，包含睡眠、收纳、起居，也不需要太多个人化的物件，收纳点到为止即可。"但他仍然希望能创造一个美好的居住环境，他说，以前工业革命时代习惯以理性去解决问题，但现在已经进入"空间表现情绪"的设计时代。就像东京胶囊屋，虽然面积小，却能玩出创意！

可拆卸的大玩具

入住东京胶囊收纳屋

这是间没有固定形状的 1 号旅店，看似钉死的夹层床铺、楼梯、沙发、衣柜，其实就像放大版的模型积木可以任意组合形状。空间越迷你，家具功能就要复数"All in one"，沙发可以是楼梯、衣柜可以是到处活动的更衣间。

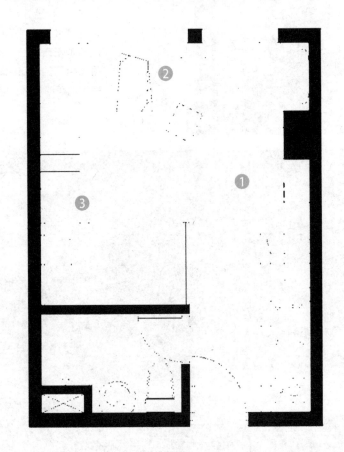

All in one 的迷你灵魂= 装修家具化+ 家具单元化

TIPS

控制预算→尽量不动到泥工工程，木作定制时如果能精准抓住尺寸，可以选择场外制作，因为小户型空间面积小，师傅通常难以作业。夹板不贴皮，可以省下贴皮的工资，也能呈现另一种粗犷质朴的质感。

U 字型简易生活动线 轻松满足一天生活行程

IDEA 01

幸福 check-in

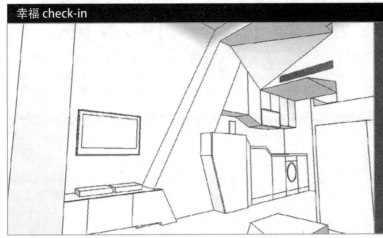

●旧观点来看，斜梁只能利用包覆将其导正。但李果桦设计师认为，斜梁反而创造了这间房子的精神特色，因此有了"顺应斜墙，形随功能产生"的计划：为了简化空间的线条造型，创造了电视墙与厨房的一体成型设计，设计师解释："小空间的重点要'简化动线'，在主动线上完成所有生活功能。"从入门的直线动线涵括了浴室、厨房、客厅，副动线则连结二楼区域，空间会更宽敞，达到良好的空间效果。

小套房空间, 小豪宅享受的城市日光浴

IDEA 02

幸福 check-in

●之前外推的阳台空间，可以将塑胶遮雨棚换成木梁格栅造型的玻璃棚顶，创造类似纽约公寓的顶楼天光，随着不同季节、时间的太阳轨迹移动，在客厅形成流动的光影线条，让房子拥有自然的日光美景。不过，日光屋的缺点是会产生日晒问题，因此，李果桦设计师也建议，可以将木格栅叶片设计略为倾斜的角度，如此一来，即可避免太阳光直射，能稍微降低室内温度。

在工厂组装, 随个人调整的可以重新组合的房子

IDEA 03

幸福 check-in

●小空间收纳设计重点"一个动作，两个以上功能"，楼梯＝沙发＝收纳，床＝高柜储藏间平台，减少物件的使用面积且不刻意固定物件位置、功能，畸零地使用。设计师进一步解释，装修家具化的好处是，小户型空间窄小、施工麻烦，在工厂组装可降低预算。增加附轮衣柜，就像抽屉般抽出来使用，甚至还能带着衣柜走，也可以坐在沙发上整理衣服；从楼梯、床铺、沙发、柜子上都可拆卸单元物件，随每任房客自由组合。

机关王设计达人

两囍空间事务所 黄郁雅

自行组合家具创造弹性空间

既然是作为缩小版 DESIGN HOTEL，代表会有不同目的的旅客对象，包括像是短居 7 天左右的商务人士、年轻的自助旅行背包客、家庭式旅游等等，于是黄郁雅设计师决定让空间能根据对象产生不同功能和收纳，在设计上以活动的灯具和隔断墙为主，如积木般组合的家具块体，可供使用者自行组合、运用，创造弹性变化的趣味空间。再者，随着地面、墙面所延伸的极白人造石浴缸与台面，结合藏设 LED 灯光的压克力隔断、白色棉质圆柱，型塑出如同原始穴居般的装置艺术，流动前卫特色。

积木家具、隔断玩叠叠乐

入住弹性伸缩穴居

除了浴缸、大功能柜，2 号旅店的床铺、沙发，甚至是隔断都可以任意组合，活动隔断墙也是灯具、装置艺术，用 13 个重复的豆腐块也能变出各种家具需求，入住就是这间 DESIGN HOTEL 的设计师，玩出趣味的生活格局。

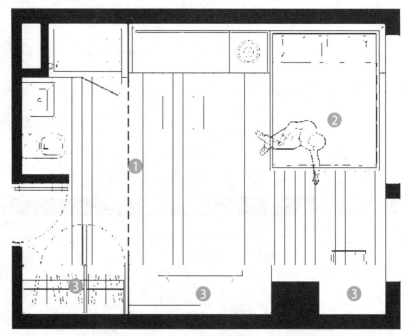

迷你房子大运用= 移动格局+ 功能重叠整合

万向轨道隔断→选择万向轨道变身成为可移动性隔断墙，建议在工程施工上，可以让天花板稍微往下降，拉出适当的水平高度，就能一并藏住轨道、布幔、空调管线，空间整体看起来更简约利落。

TIPS

隔断会转弯,变出多彩灯光小酒吧、商务会议室

幸福 check-in

天花板轨道动线图

- 吧台
- 展示架及书架
- 电视柜
- 化妆台
- 多功能置物柜
- 衣柜

H:288cm 等高度轨道

● "考虑到小空间必须满足不同的旅客对象,完全不适合传统几室几厅观念,隔断反而是限制行为、空间最大的阻碍。"黄郁雅设计师说道。她利用万向轨道,让隔断可自由移动、转折。大门至原阳台拉出的弧形轨道,选择白色棉质圆柱与透明压克力圆柱洗 LED 线灯,兼具灯饰效果,夜晚变身 LOUNGE BAR,白天亦是装置艺术;拉出柜墙内玻璃隔断则成为浴室隐形隔断;两者组合又定义出具独立私密的会议空间。

轻巧豆腐块堆堆乐,客厅、床铺、书桌在哪自己选

幸福 check-in

●小户型房子不只看重家具、收纳等功能性设计,更应着重减少物件占据的面积,黄郁雅设计师利用"简化、重叠、轻巧、组合"概念,选择约 13 个 76cmX62cmX22cm 的高密度硬海绵单元物件,根据使用者的需求改变空间形态,当它全部派上用场,可以拼组成一张床铺＋三人座沙发椅＋一张茶几;9 张硬海绵组合成的大豆腐块,就变成孩子们嬉戏打枕头战的擂台,而且还能自己决定今天要躺在哪个角度看星光。

斜梁长出一棵树,打开隐形柜子变出功能

幸福 check-in

●至于原始空间因为外推阳台所形成的突兀斜梁柱,看在黄郁雅设计师眼里,反而能整合为收纳功能!她把斜面当作是树枝状结构,创造出隐藏吧台、展示架及书架、电视柜、化妆台、衣柜等大型收纳柜墙,将所有生活功能集中在一面墙上,墙柜选择以大片镜面黑色不锈钢处理,如同抽屉式开合方式,当开启吧台区门扇时,立面划分出小餐厅空间;打开衣柜立面,即成为更衣室空间。

PART 4
达人终极收秀术

Before+After

收纳、展示的功能创意，不只是天马行空的创意，还有实务经验的累积，且看达人们如何利用材质演化机关创意，让客厅、餐厅、书房、卧室、厨房、玄关、阳台等等上演令人惊奇的演出。

14 位设计达人展现私房创意

07 招

整合集中巧收纳

生活杂物再见

想把生活杂物藏起来，独立的储藏室不一定好用，依动线和生活习惯分区收纳是更省空间和效率的方法，来看设计达人们如何利用你意想不到的创意，既整合了你头痛的杂物，又能兼顾空间美感。

走道　IDEA 01

隐藏与延伸手法・打造无压力储物柜

设计师把客厅与厨房之间的走道拉宽至150cm，为的就是让业主行走其中舒服自在，两侧柜体则巧用无色彩的白色为主色，让收纳空间好似没入墙面里，隐藏柜体减轻视觉上的负担，具有玻璃透感的黑色烤漆玻璃则帮助视线延伸，拉长空间感。（冠宇和瑞设计）

创意设计达人 萧冠宇

人们常会利用"门"、"梁"去界定空间大小与格局，利用隐藏"0"与延伸无限大"∞"两种概念，去颠覆这种既定印象，令家庭场景更加开阔！

你也可以这样做

利用壁面收纳延伸视觉→嫌走道上的柜子看起来笨重占空间？学学萧冠宇设计师把墙面色彩延伸到柜子上，再用一道玻璃腰带延伸空间感，制造更轻盈的视觉效果。

玄关 IDEA **02**

镂花镜面反射场景·鞋柜也能变装饰

创意设计达人 邱振民

这屋子本身的面积并不大，因此格局上应该尽可能地开放，利用镜面的"反射原理"恰好延伸餐桌的景深，坐在餐桌用餐时不会觉得空间压迫。

一进门就看见的墙面柜子，设计师利用大面积的明镜来铺陈，无形中反射了餐厅景深，空间自然显得更加宽敞，特别镶嵌镜面上的黑色图腾，嵌入镜面的大比例黑色雕花，更勾勒出餐厅典雅浪漫的艺术气息。（邱诚设计）

你也可以这样做

镂花柜代替玄关功能→没有空间可以安排独立玄关，又不想把鞋柜摆在餐厅里，可以采用邱振民设计师美化鞋柜的方法，以镂花镜门的方式做装饰，反而成为餐厅的特殊焦点。

窗台 **IDEA 03**

窗与柜线形呼应·美感比例使空间更自然

五颜六色的书本也能成为空间装饰的一部分！设计师为了让窗外的景致成为主角，刻意降低柜体的高度，以线形的书柜拉长空间感，两层柜设计为上方储物、下方摆书，让较零碎的东西收纳在上层，下层以书本排列成一条彩色书带，台面则作为摆放收藏的平台，一路延伸成为书桌，流畅的柜体设计，让空间更为宽敞舒服。（咏翙设计）

你也可以这样做

拉长柜子变书桌→觉得购买现成的书桌不够有整体感吗？刘荣禄设计师根据空间比例用木作柜体延伸成书桌的做法值得一学，书桌不但可以在木作工程时一并施工，连续的柜体更让空间有一气呵成的流畅感。

创意设计达人 刘荣禄

空间呈现无比舒服的关键在于"比例"精准度，运用长形纤细的比例将柜体延伸、转弯到桌面，搭配平行的窗框设计、刻意留白的墙面，产生自然的美感。

厨房
IDEA 04

隐藏小家电柜面·提升开放厨房视觉美感

开放厨房里最难解决的就是台面上的咖啡机、电锅或微波炉，何俊毅设计师妥善地利用炉具对面的柜体规划了一个操作小家电的吧台，当门合起时，它是一个只留出展示口的墙面，让厨房在不烹饪的时刻，变身成为清爽简单的过渡空间，甚至成为小朋友游戏的区域，而当烹饪工作进行时，它又能高效地支援厨房的料理者，一转身就能操作各种小家电，同时解决功能与美感问题。（好适设计）

你也可以这样做

家电柜变两用隔断柜 → 设计师不只是单纯地将小家电收在柜子里，事实上这个柜子也是儿童房与厨房的隔断墙，柜体中段作为厨房使用，而上下两段则在儿童房内开启，彻底利用空间。

创意设计达人 何俊毅

厨房不应该只单纯被确定成"开放"或"不开放"两种形式，对我而言，厨房还能够兼具待客、游戏和走道等多重功能，储物空间也会随着工作动线在不同角落隐藏起来，让厨房无界线。

隔墙　IDEA **05**

CD 穿透感隔断墙·把嗜好变成设计一部分

创意设计达人 朱晏庆

利用 CD 一片一片的特性，可以整齐或随性地排列在架上，让自然呈现的缝隙成为"光线穿透"的媒介，在地面上形成自然又别致的光影。

通往房间的走道无法有采光进来，因此设计师把书房的隔断墙结合业主大量的 CD 收藏，让其变成收纳 CD 的储藏柜，两面皆可拿取的镂空柜体设计，让光线可以通过 CD 间的缝隙进来，为走道增加采光。（玛黑设计）

你也可以这样做

隔断墙变收纳柜→隔断墙不一定非要实墙，也可以把墙的厚度以衣柜或收纳柜体取代，不但达到隔断、隔音功能，也增加收纳空间。

墙面

IDEA 06

整列墙面规划 · 书、视听设备、海报巧妙收纳

对于电影相当热衷的业主，拥有许多书、DVD、电影海报等收藏，更以升降布幕来取代电视柜，营造小型电影院的氛围，因此设计师特别在客厅安排整墙的开放式书柜来满足他的收藏，更将书柜从客厅一路延伸到主卧室，而柜子也因动线与功能的改变，做不同项目的收纳，在客厅是书柜，在沙发旁是门内收纳视听主机，接着是符合电影海报高度的柜体，延伸到主卧室则变成衣柜，形成一气呵成的连续柜体设计。（丰彤设计）

你也可以这样做

一柜多用做收纳→利用走道墙面做整排的柜体设计，可以依不同空间做段落式的收纳，搭配不同的门来做区隔，让拿取物品时会更有效率。

创意设计达人 张书源

除了留出 1.7m² 面积作为独立储藏室之外，将柜体沿着墙面规划是最省空间的安排方式，利用"延伸"和"虚实"的技巧，将柜体整合在一个面，可以拉长空间感，再利用开放、半开放和完全密闭等不同门扇地处理，展现柜体的层次。

客厅

IDEA 07

储藏室变电视墙・也是玄关进门鞋柜

进门入口将空间一分为二，无法规划出独立的玄关，影响客厅空间感，王文凯设计师巧妙地将电视柜与储藏室结合，让 L 型的电视柜延伸成为进门的鞋柜，同时成为人可以走进去摆放大型物品的储藏间，对外更成为收纳视听设备主机的电视墙，利用绿色、白色与间接灯光搭配，构建出迷人的清爽层次。

创意设计达人 王文凯

要在电视墙内规划储藏室，在符合使用功能之外，要保留柜体与灯光的层次设计，必须先克服门扇的五金载重问题，因此我采用特殊定制的五金，让门的开合方便耐用，具有美感又实用。

你也可以这样做

电视柜当储藏室→空间面积不大，进门格局又不好安排鞋柜，王文凯设计师把电视柜和储藏空间结合，利用色彩和灯光做出层次变化，兼具视听焦点主墙与鞋柜功能。

达人终极展示术

07招

善用角落秀收藏

私房品味美感 UP UP

许多业主都会有自己心爱的宝贝，这些花了大钱的败家品藏起来多可惜，不如结合到空间设计中，让设计达人们来教你，如何在装修前就先想好收藏品放哪里，这样不但你每天在家都能欣赏，就连亲朋好友光临，也能立即感受到你独特的生活品味。

端景 **IDEA 01**

白墙衬托 DVD 收藏 · 电影轮番上映中

面对喜欢购买电影 DVD 的业主，设计师除了在电视柜旁安排隐藏的收纳柜之外，在进门就会看见的大面积白墙上，以她的美感经验错落钉上了几个白色的小木架，让 DVD 的封面作为这面墙的主角，每天可随着业主的心情与喜好变换不同的电影，甚至有时候摆上这几天正在看的书，让墙成为上演业主生活的荧幕。（ 荷果设计 ）

你也可以这样做

空白墙面变端景→你家是不是也有一道闲置、不知该怎么布置的墙面？不妨学学詹乃翎设计师，在墙面算好构图间距之后，加几块木头底座，就是一个可以展示兼具收纳的端景墙面。

创意设计达人 詹乃翎

我们喜欢用"一面墙"来表现每个业主不同的个性，让家中能有一面充满故事的墙面，不但使空间更加与众不同，也使业主多了生活的趣味。

客厅 **IDEA 02**

博物馆玻璃柱·秀出对篮球的热情

想秀出业主的篮球鞋收藏，又不要给人运动用品店的错觉，设计师从博物馆的装置展览概念出发，让黑色抛光石英砖、茶镜玻璃，衬托悬浮透明玻璃柜，经过反射复制，收藏的篮球鞋看似被归档，又像是往上延伸出另一个楼层。（台北基础设计中心）

创意设计达人 黄鹏霖

用"玻璃"材质为元素，可以同时达到"区隔功能"与"延伸视觉深度"的开放效果，玻璃柱 360° 的透明设计，让业主不管从空间任何角度都可以欣赏到。

你也可以这样做

玄关隔屏变玻璃展示柱→想要在进门的位置秀出你的收藏？黄鹏霖设计师以不锈钢柱支撑起透明玻璃柱的创意，看起来既轻盈又不阻挡视线，可以取代玄关隔屏成为你家独特的迎宾设计。

客房

花朵草地＋小熊公寓·享受小熊作陪的下午茶时光

要让业主收藏的上百只泰迪熊在空间中井然有序，设计师表示，在装修前就必须针对不同尺寸的小熊考虑展示的位置，例如最大尺寸的小熊可以摆在沙发上兼具抱枕功能，中小型的熊则摆在客房兼起居室里规划的展示柜中，通过背板特别营造的柔和照明，让每一只小熊都如同艺术品般，让每个客人都能充分欣赏。（觊得设计）

你也可以这样做

收藏品变壁饰→想把收藏品秀在墙面上？可以参考游淑慧设计师利用压克力盒收纳特殊小熊的创意，不但可以避免招灰尘，也是绝佳的壁面装饰，附上活动式盖子，随时都可更换不同的收藏品。

创意设计达人 游淑慧

在规划空间时，必须仔细考虑到每一只小熊的位置，让业主养成定点放置的习惯，日子一久家里才不会变得乱七八糟，收藏品也才能真正达到赏心悦目的功能。

墙面 **04** IDEA

手提包变艺术品·可收又可秀的包包墙

从事展场设计的女主人，把自己的家也当作展场设计，让设计师运用墙面结合收藏的包包，把不能压的包包整齐地挂起来，主卧陈列正式场合使用的包包，客厅排放休闲活动用的包包，成为居家空间里别出心裁的收纳设计。（集集设计）

创意设计达人 **王镇**

在居家空间中规划包包的展示墙，要把握"次要"与"面积适中"两个重点，不要选择空间中的主墙面，避免让包包造成空间的凌乱感，墙的面积要适中，才不会让家变成卖场。

你也可以这样做

隔断墙变收纳柜→王镇设计师运用到处都见得到的展示架，作为墙面设计的一部分，不只可用来展示包包，也可以根据不同的收藏设定不同主题的墙面。

客厅

IDEA 05

红酒柜当焦点·客厅就是 lounge bar

业主是忙碌的广告人，因为不喜欢到外面去交际应酬，所以干脆请设计师把家变成适合朋友来同欢小酌的 lounge 空间，设计师利用开放厨房规划一道吧台，并在吧台尾端定制顶到天花板的玻璃柜，以便收藏业主众多的红酒，透明的柱体设计不但能让视线保持穿透，搭配不锈钢的材质，也能为原来的中式风格添一点现代味，玻璃如空间中的光柱，更成为目光的焦点。（初日发设计）

你也可以这样做

吧台结合酒柜→空间没有多余的角落当酒柜，可以学初日发设计师结合吧台的设计，不只节省空间，不锈钢酒柜也成了空间中最醒目的设计。

创意设计达人 初日发

我将红酒柜分成上下两个部分，上半部透明玻璃可以让业主拿取红酒一目了然，也不会增加空间的压迫感，下半部采用和吧台一致的木纹材质，可以收纳业主的酒杯、开酒工具等等。

走道 **IDEA 06**

玩具枪专门柜·隐身走道刚刚好

男主人心爱的玩具枪刚刚好是女主人最不希望展示的东西！设计师为了同时达成男女主人的想法，利用了书房和卧室之间走道墙面的浅浅落差嵌入特别依枪尺寸定制的柜子，如此一来客人不会一进门就被那为数众多的枪支吓到，又达到男主人期望的展示效果。(立禾设计)

创意设计达人 吴文靖

为了打造符合标准枪支展示的柜子，特别上网搜寻国外专门网站，依枪支的尺寸与功能不同，设计可以一次陈列所有枪支的柜子，让业主拿取方便。

你也可以这样做

墙面落差嵌柜子 → 空间没有地方安排展示柜吗？可以利用房间与房间中间的墙面小落差，嵌入木作柜子，展示一些体积较小的收藏品，例如咖啡杯、相框等等。

阳台

IDEA
07

水泥 mix 柚木结构柱·用 CD 创造装置艺术墙

创意设计达人 陈文超

在结构柱上加一层柚木板材，正面、侧面利用切割技术，制造约 0.5cm 左右的厚度，就能轻松地放置 CD，适合业主展示最珍贵、限量版系列。

喜爱听音乐的业主有众多收藏 CD，如果把它们通通藏起来实在可惜，设计师利用老房子阳台不可拆除的结构柱，将裸露的灰色水泥饰以白色油漆，配上和客厅一致的柚木材质，呈现现代、复古的对比冲突，而 CD 的封面照片有如装置艺术品，呈现如挂画般的视觉效果。（觅得设计、家私）

你也可以这样做

阳台结构柱变 CD 展示墙→如果你家的老房子阳台也有不能拆除的结构柱，试试学陈文超设计师的创意想法，没有刻意用整个木皮包覆，反而突显粗犷白色的水泥，让家多了一点复古气氛，成为最具特色的 CD 展示墙。

PART 5
住宅机关收纳展示秀

THE BEST INTERIOR DESIGN BOOKS

Before+After

在居家空间中，大部分业主最困扰的是展示或收纳功能，这次我们邀请了设计名家们讲述完整设计案例，说明在所有改造过程中，如何用创意的机关设计满足业主的愿望，并融入完美的空间整合概念，现在就来看看让每个角落都充满惊奇的终极收秀术吧！

走进玻璃屋内的无价风景

曾在国外生活多年的业主赵先生和太太，习惯于开放式的居家空间安排，有独到眼光的他们发现了这个山区老房子，房子原本有个被困在后阳台的小厨房，还有把风景遮去了大半的阳台，这些都没有使他们打退堂鼓，反而着手与设计师展开讨论，如何将这个空间做最大值的开放？如何利用环绕的动线让光线被引到家的每个角落？装修过程中两人的心情就像挖到宝般的欣喜，有把握在这个屋子完工后会让人大吃一惊。

低采光客厅 → 打开墙与窗，玻璃屋引光

果然，走进赵先生完工后的家，没有人不对那一大片的绿意露出羡慕的神情，尤其当跨年夜倒数的那一秒，赵先生家可远眺101的超赞视野，更是成为亲朋好友们指定的跨年聚集地，"这房子的原始状况可是让人一点也不会想住进来。"赵先生

如此表示。原来，旧格局里的窗台是传统的阳台形式，人坐在客厅时，视线都被半人高的女儿墙挡掉，而夹在客厅与主卧室之间的小房间隔断墙，也遮去了一大半的客厅光线，因此将阳台重新规划，是这个空间最重要也是最关键的设计。

首先，设计师先将阳台女儿墙与隔断墙拆除，换上了大面积的落地玻璃窗，好让光线完全进入室内，多出来的阳台面积则以完全透明的玻璃隔断规划为工作区，玻璃墙不但让工作区保有安静的气氛，又不会影响到客厅的采光，临着窗边则利用窗台规划了一整排的座位区，更省下工作区摆放椅子的空间，达到最佳的面积利用。

电视墙 → 投影墙，打破沙发排列方式

赵先生和太太对于生活自有一套看法，并不会花太多时间在看电视上，因此设计师认为客厅不一

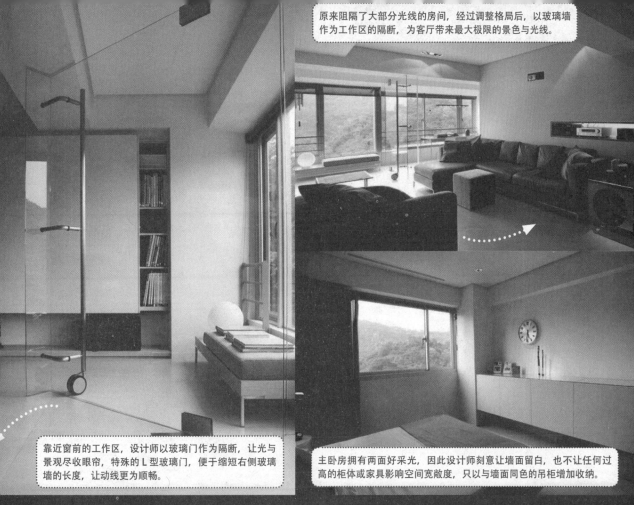

原来阻隔了大部分光线的房间，经过调整格局后，以玻璃墙作为工作区的隔断，为客厅带来最大极限的景色与光线。

靠近窗前的工作区，设计师以玻璃门作为隔断，让光与景观尽收眼帘，特殊的L型玻璃门，便于缩短右侧玻璃墙的长度，让动线更为顺畅。

主卧房拥有两面好采光，因此设计师刻意让墙面留白，也不让任何过高的柜体或家具影响空间宽敞度，只以与墙面同色的吊柜增加收纳。

有时候买房得靠一点运气加上识货的眼光，原本因为装潢老旧、采光不良而久久无法脱手的老房子，在业主赵先生的眼里却成了难得的璞玉，与设计师同力大刀阔斧的改造后，打开空间竟是无尽的远山绿意，成为这个家最无价的一幅美景。 赵仲人、王文娟、王少轩｜AWS 设计

定非要迁就电视机来安排，如果没有了电视机，沙发就不会只有一个方向，而是能随客厅的使用灵活摆放，于是在与业主讨论过后，决定采用升降的投影布幕来取代电视机，让本来的电视墙变成一个白色的大型收纳柜，当门合上后就如一面留白的墙，流露出空间的纯净感，因为少了电视墙的位置，有客人来时，沙发摆放成面对面也不会突兀，而想要享受家庭剧院时，再将沙发排成L型，让空间随着生活自由转换。

单一动线 → 功能墙面创造环形动线

空间之所以能够满足业主生活与工作的需求，在于格局与动线的安排得当，例如空间中央的那一道墙，为空间创造了环绕的动线。在客厅，它是沙发的背景墙、影音主机的收纳柜；走到背后它又变成了业主和太太的工作桌、衣物柜，最后动线还可以从玻璃工作区中绕回客厅，以最不占空间的方式，流畅地划分每一区的功能，让光、空气与人都能在空间中来去自如。

后阳台厨房 → 开放式厨房吧台分享生活

空间中另一个让业主喜欢久坐的地方，就是开放式厨房的大吧台，这个桌面不只可以让业主一个人在此画图、工作，也可以和三五好友在此喝咖啡聊天，而为了让空间看起来更简洁清爽，设计师特别将小家电都收纳在吧台下，搭配同样白色系的橱柜，让空间更为明亮宽敞，也呼应了业主当初会喜欢这房子的原因，在两侧大量留白的墙面衬托下，让窗外的绿意成为空间的主角，简单就是舒服。

客厅墙面：利用大面积门扇将书柜隐藏，柜体就像留白的墙面大方简洁。**收**

沙发背景墙：将视听主机整合在沙发背景墙的凹槽中，不只操控方便，更让空间利落干净。**秀**

厨房吧台：将烤面包机、微波炉等小家电收纳在吧台下，让台面保持清爽，不论阅读还是聊天都很舒服。 收

小花园端景：主卧与临窗的空间，设计师利用清玻璃取出户外绿景成为小小的花园端景，让客厅与卧室都能瞥见美丽的室外自然景观。 秀

轻量隔断让回家像度假

台中七期重划区,参差错落在棋盘式绿森林街道中的高楼,划分出闹市取静的生活圈,忙碌于医疗诊务的业主便是相中这里的清幽视野,买下了这间高楼毛坯屋。双面开阔的景观视野,如何化为居家无比清新的窗景?居家空间如何兼具展示、收纳、舒压等多重功能?

"由于业主为开业医生,必须长时间在小空间看诊,因此设计师的设计构想,便是将整个绿园道的景致都纳入客厅的落地窗内。"设计师林伟群回忆说,经由室内结合自然景致的安排,让工作疲惫整日的男主人,一回到家即能坐拥绿色景致,即使夜幕低垂,文心路上灯光交错的繁华街景,又是另一幅美丽的画作。

天然美景 → 开放空间创造 360° 赏景角度

从大门进入玄关,左侧是隐藏式鞋柜设计,满足女主人享受购物乐趣之余,亦无摆放收纳之忧;右侧则是以茶镜的独特作用,让玄关空间产生放大效果。映入眼帘的是整面大气十足的灰姑娘大理石,再搭配设计师独家设计的玄关桌,线条比例超乎完美,将时尚精品旅馆的玄关气势引领而出。

公共空间为开拓无阻的大气格局,设计师通过灯光效果,带出连续式的空间导引,再加上以吧台、沙发、旋转电视架作为空间属性界定的手法,完全突破传统的隔断处理方式,使整个空间延伸开来,也让落地窗外的天光美景一一落进室内各个角落。

利落大方的电视墙以木纹石的横向自然纹理砌成,展现出男主人气宇轩昂的个性,也成为一室之端景;阵阵飘送而来的魅人音响萦绕在开放厨房的吧台区,爵士与美酒,则是业主回家后慵懒坐在躺椅上的最佳享受。来到开放式的书房与和室,设计师利用大量的玻璃产生空间的穿透感,这开放式的

经由室内结合落地窗景，让工作回来一身疲惫的男主人，一回到家即能坐拥宽阔景致以及灯光交错的繁华街景。电视墙以木纹石的横向自然纹理砌成，展现出男主人气宇轩昂的个性，也成为一室之端景。

客浴采用干湿分离的设置，透明玻璃的淋浴间降低了浴室空间的封闭、窄迫感。

主卧室床头右侧为更衣室，提供更衣、收纳使用，也让主卧室拥有豪宅配备。

虽然置身于都市丛林里，却能远眺无垠苍穹、细数人间繁华，如何能办到呢？这座位于市中心的毛坯房脱胎换骨为休闲豪宅，就有这么不凡的顶级享受，让人真正获得放松休息，叫人忍不住赞道：回家的感觉真好。

林伟群｜筑采空间设计

设计，让业主在工作之余，能享有更加宽敞舒适的休闲氛围。

在家泡汤 → 主卧室卫浴营造汤屋氛围

卧室区则又是另一番动人景致，原本平淡无奇的走道在设计师的挥洒下，成为一道艺术走廊，满足业主对琉璃收藏的热爱，只要经过主卧的廊道，琉璃的透明澄澈与光影色彩流动的变化，随时都能深入人心。

此外，为满足业主乐于泡汤来舒压及放松的喜好，在主卧卫浴特别以汤屋式的观音石作为浴缸素材，打造宛如山间汤屋的写意氛围，铺上意大利进口布纹60×60cm石英砖的地板，打造出另一种风情的卫浴空间。综观全案，设计师以引进窗外景致与营造空间的穿透感，作为空间设计主要概念。而人性需求的贴心设计，强调的是回家的感觉和真正获

得放松休息的氛围，符合现代休闲豪宅的基本条件。

主卧卫浴设计以汤屋式的观音石作为浴缸素材，宛如山间汤屋的写意氛围，提供业主泡汤的舒压场所。

儿童房规划包括学习、卧寝、收纳等功能，窗前设置阅读书桌，并利用柱子衍生出来的畸零空间安排开放式层板柜，包覆柱身的突兀视觉。 收

书房 DVD 柜：男主人拥有数量颇多的 DVD 片，全数并然有序地纳进书房里的 DVD 专柜，方便就近取用。 收

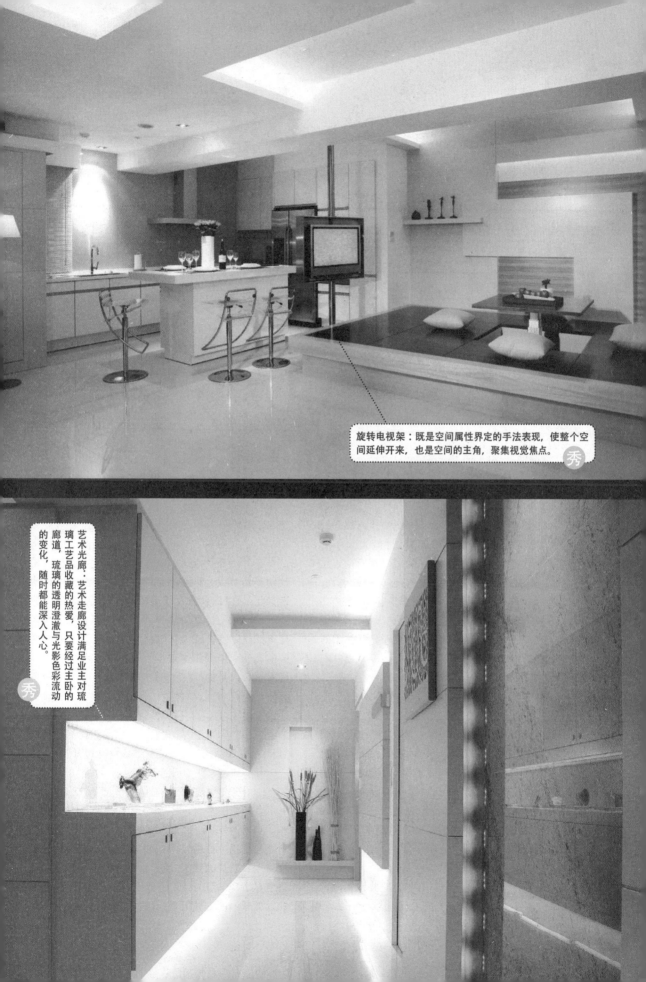

旋转电视架：既是空间属性界定的手法表现，使整个空间延伸开来，也是空间的主角，聚集视觉焦点。

艺术光廊：艺术走廊设计满足业主对琉璃工艺品收藏的热爱，只要经过主卧的廊道，琉璃的透明澄澈与光影色彩流动的变化，随时都能深入人心。

有序自在蒙德里安式收纳

165m² 的居家空间作为两人世界，想当然是绰绰有余，然而，原本制式的隔断样式，却大大干扰了原本应该感受到的宽敞余裕，加上尽管两个人生活也同样有着几许需要收拾起的纷杂细琐。也许，拆除所有的隔断只留下一个储藏室兼客房，会是许多人的做法，但设计师王俊宏用自己对于空间规划的整合强项，不仅让生活有序，更引导出居住者对于空间的信赖和自在。

空间规划的轴线 → 使用者的动线牵引

虽说空间尺度对应使用成员，这样的宽敞余裕是整个案件相对于其他案件难得显见的要项。那么，将此特质直截了当地突显出来，是设计初期的当务之急。最根本的做法，无非是将原有新屋交付时便存在的既定隔断都拆除掉，仅就私密与开放单元作决断的区分，面对其他的各个空间单元，则试图放大原本的尺度跟比例，可借助于单纯化的水平垂直切割，达成各自功能不同的分隔。

隔断不做绝 → 使用者决定自处的环境

在整个案件当中，出现的大半是可以变动的软隔断样式，凡是拉门、格栅及屏风，都不约地出落其间。之所以会出现使用机动性较高的软隔断方式，设计师说，除了让整个基地面积有机会能无所阻绝地串联出通透大气以外，其实他想要让每一个空间单元都能被业主自在的决定赋予多重意义，当厨房也可以是餐厅，吧台同时也能允许家人在其中闲谈看电视，怎么样才是最合适的功能加乘？唯有使用者做主，才可以完美成就出真正让这一家人最舒适自在的环境，也正是设计师一手设计打造出的空间，往往在简约之中却不见给人桎梏的感受。

必要的固定式隔断 → 收纳的可能

当然，除了可变动的隔断之外，部分固定式的隔断处理仍是居住空间规划时必需的要件，设计师运用复合功能的功力，将必要的隔断墙与收纳性作适度的结合，而且，凡是把手、拉取机关，都尽可能以最低调的方式处理，让初来于此的客人并不能

除了拉门之外，柱体的包覆除了用在整合出结构梁整体的形状之外，同时形成微型空间，肩负着归类和收拾生活中杂物的任务。

简约与繁复，设计师王俊宏把两者视做呼与吸一般，自诩自己尽可能做到两者的均衡，将所有纷杂悄悄地隐身在这垂直与水平线条的空间格局中，如果要说这神奇得像是场魔术，那么，称之为蒙德里安式的魔术收纳法，应该再贴切不过。　王俊宏｜王俊宏室内装修设计工程有限公司

觉察到早将收纳隐身于无形之中的神奇。他举例像餐厅与和室之间的薄型电视柜，木皮包附的部分其实就是可以供收藏影音相关配备的位置；而抽屉拉取的方式，则仅仅留了一个长方形的洞，就像是只有主人才知道的秘密开关。除了让生活中小物件的收取有出乎意料的惊喜之外，无处不收纳的概念，也让每一件杂物可以依照地缘关联去做收纳位置的分类，收得干干净净的同时，拿取的那一刻也是得心应手。

复合质材的利落使用 → 强化出视觉效果

针对材质的复合使用，设计师同样也有着独到的见解，一如他在案件中广用镜面玻璃和木纹材质之间的对应，因为两者对比差的强烈，不仅让空间造就出的视觉张力益显，有时候更能让轻者越显轻盈，重者倍觉稳健，表现力之强，甚至可以让重如液晶电视荧幕，都像是与亮黑的块面一同漂浮在半空中一般。

对比色差加大 → 空间感倍增的哈哈镜

除了材质造就出绝佳的戏剧效果外，色彩也是设计师绝对不会放过的一个魔术把戏。王俊宏就点出，这个空间里，尽管看似冷冽的基调中，其实暗暗埋下几个伏笔，凡是地材与壁材的木质地、间接光源所带出的暖调子颜色，与家具、百叶窗的铁灰色和镜面玻璃材料的对应，各都是冷静与热情的两端，相对的张力其实也是无形之中更添空间感的魔力源泉。

从壁面到墙面 → 连成一气的有序韵律

当然，在对比跟冲突感的制造之外，怎么经由雷同的空间词汇使用，营造出有序之中的韵律感，这时候，出没在视线当中的线条，是可以引用的绝佳利器。对此，设计师选取紫檀木集层和橡木两种皆有着纹路特质的材质，当作地材与壁材，当两者相呼应时，自然就制造出连成一气的整体感，不仅看来有秩序，同时也有着律动，一如均匀呼吸着的频率。

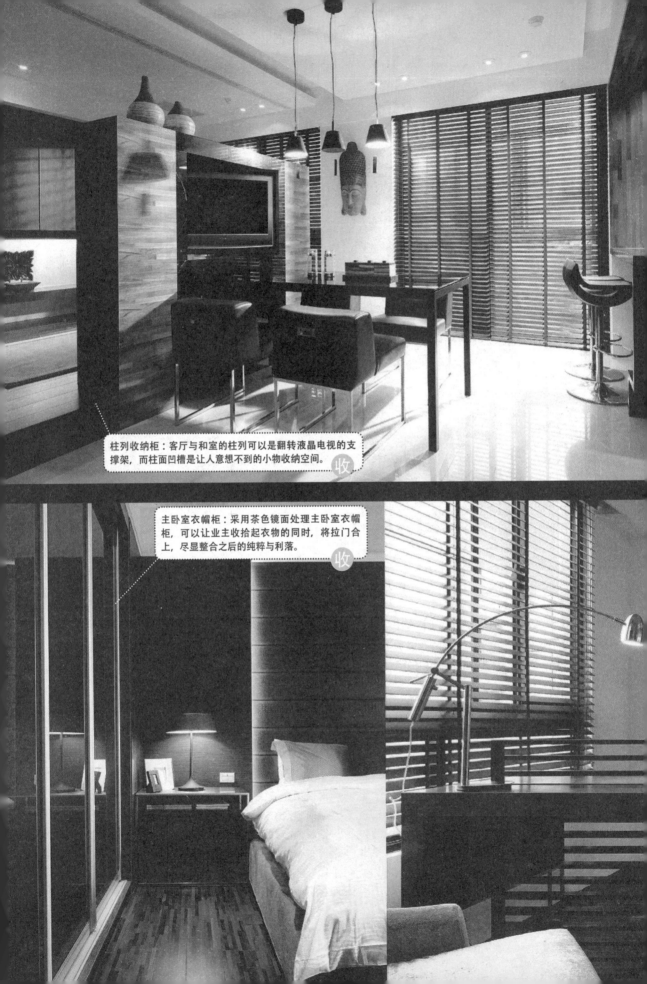

柱列收纳柜：客厅与和室的柱列可以是翻转液晶电视的支撑架，而柱面凹槽是让人意想不到的小物收纳空间。收

主卧室衣帽柜：采用茶色镜面处理主卧室衣帽柜，可以让业主收拾起衣物的同时，将拉门合上，尽显整合之后的纯粹与利落。收

将广泛使用的机动拉门当作隔断的手法，使得空间区块和区块之间的使用目的由使用者决定的成分大增。

收

将广泛使用的机动拉门当作隔断的手法，使得空间区块和区块之间的使用目的由使用者决定的成分大增。

结构梁之下往往安排成列的收纳吊柜，同步顺势制造出内嵌的虚空间，由内层打上间接灯光，未尝不是提供空间重点装饰的好安排，更是虚实空间相互取得平衡的写照。

收

一柜三用的轻透亮宅

在室内空间大小相符与方正格局的优质条件考虑下,决定买下这栋十年以上的二手房,然而,面对陈旧的屋况与实际需求的差异,业主在求好的心态下自然不愿屈就,希望在迁居后能够拥有一栋量身定做的崭新住宅。

空间硬体 → 简约的线条让设计更具包容力

因欣赏设计师黄建桦于杂志中发表的作品而委托其规划新居的业主,在空间的风格上喜欢简单而不失流行的设计,因此设计师将设计的内容大致分为硬装与软装两个方向。首先,在硬装线条上避免繁复的设计,以简约的线条来展现空间设计感,同时在色彩的配置上也尽量以低彩度或无色彩的设计来增加未来的可变性,如此,日后业主即使想要变更空间风格也只需更换家具或装饰品即可。而目前的家具软体配置则以暖调舒适为主,客厅与多功能房均配以沙发床,试图营造更自在的居家感受。

开敞格局 → 直接望穿的空间缺少内外分野

从客厅格局来看,入口直接望穿到邻栋的视野让生活缺少隐私感,因此,设计师一来先在入口处增设一座玄关多面柜以阻挡穿堂漏财等忌讳,在柜体功能上入门迎宾处以大理石材质来展现庄重质感,而侧面则是实用的抽屉鞋柜,至于面向客厅部分则以白色门柜设计来增加收纳功能,一柜三用的设计也让空间一次解决多种问题。

除了玄关柜设计,在客厅外的阳台部分也做了外推,增加一处休息空间,同时其与客厅共六面白膜玻璃的拉门设计,一来突显明快的视觉感受,再者也可引进部分室外光源。客厅的电视墙与沙发背景墙同样都设计有展示的层板来放置业主的收藏,其中最为特别的是电视墙的大理石设计别出心裁地

加宽的走道末端以茶色镜来呈现空间的隐约延伸感，同时走道旁的视听起居室地板刻意不架高，让人感受空间的展延。

将阳台外推设计成游戏室，并利用玻璃铝合金拉门的现代与穿透特质来引进光源，改善客厅的开阔性。

超过十年的陈旧房更新以及改善格局的不敷使用是整个设计的重要使命，为此设计师黄建桦大量采用玻璃等穿透建材，从明快视觉来彻底更新，并且重新测量制作格局来一改旧宅印象，成就美丽与实用内外兼修的优质好宅。 伍伍陆零室内设计｜黄建桦

未达屋顶高度，设计师说，主要是避免客厅的封闭感受。另外，后方房间的灯光也可经由玻璃穿透至客厅，可产生另一种空间的互动与趣味。

封闭厨房→开放设计为利落发光墙

位于入口处的餐厅与厨房在格局上并无太大变化，然而旧有的一字型厨具与封闭设计造成空间的阻隔与不适感，因此，设计师拆掉原来墙面改为玻璃拉门，使得客厅与餐厅间有了设计感的呼应，同时让人感觉墙后方仍有空间存在，无形间加大了空间感，此外，女主人也可以选择性地打开厨房大门增加亲人间的互动。餐厅的另一墙面因为设有变电箱，在无法遮蔽的情况下干脆设计内凹的灯光层板来做饰品展示，同时在墙面上也以简单的勾缝设计来增加设计感，成为用餐空间的视觉焦点。

空间过小→拆掉一房以增加空间使用功能

原来老旧的格局在主卧室并无更衣空间，甚至在收纳功能上都显得不足，因此设计师与业主沟通后决定将原来狭窄的四室改为大三室格局，拆掉主卧与多功能房中间的房间，如此主卧室可以在床头与床尾处增加大型衣柜以及电视柜等，以弥补原有收纳空间不足的缺失。至于多功能房则增加空间来放置沙发床与电视、阅读桌等设备，平日可以作为孩子们游戏、看电视的空间，遇有客人时也可当作客房使用，功能相当多元。

玄关鞋物及客厅收纳三面柜：针对入口处所设计的大理石屏风柜，从侧面看是抽屉式鞋物收纳柜，在客厅面又具另一收纳功能，是兼具实用与美观的设计。

收

主卧室超量壁柜：床头装饰墙内藏玄机，为了增加收纳量，特别在床头利用拉门设计了隐藏式橱柜，而床尾也同样设计有橱柜来满足收纳需求，另外有结合卫浴的梳洗间。

收

客厅电视墙：为避免整面大理石墙产生压迫感，特别搭配白膜玻璃设计出上方镂空的电视墙，如此后方房间的灯光也可产生穿透效果，让空间更具互动与趣味性。

秀

餐厅展示墙：配合餐厅墙面的变电箱位置，设计师利用内凹浅层板设计，以及对称的勾缝设计来增加墙面的美观及变化，层板上也可放置展示餐具等。

收

引光入室有晴天

拜访过这户新家的朋友们，都很难相信房子的前身竟然是脏污油腻的自助餐厅，二十年的老房子，除了有漏水等问题外，狭长的屋型使得房子后半段几乎无采光，虽然后阳台区有室内梯通往地下室，但却因狭窄的楼梯使得地下室阴暗如废弃已久的地窖，在种种令人完全激不起想住在这里的欲望下，究竟设计师如何让它重现光明的？

地下室阴暗闲置 → 变更楼梯位置至中央

接近1:3的一楼长型公寓，虽然单面采光充足且有庭院，然而后阳台却紧临防火巷，使得屋子后半段光线并不充足，加上得容纳一家六口成员，势必得将空间做切割，也会直接影响采光问题。业主在买下这栋房子后，最大的愿望就是引进光线、让闲置的地下空间再利用，李设计师提出了"变更楼梯位置"的关键设计。将后阳台上原为75cm宽

的楼梯封闭，在主动线上另辟一道90cm宽度的镂空楼梯，以钢骨为结构，搭配金丝玻璃，让楼梯成为串联整体动线的轴心，经一楼采光均匀分享到地下室，地下室也从阴暗无光的杂物间蜕变成为视听室与开放书房。

狭长屋无采光 → 庭院改成玻璃采光罩

此外为引入采光，将庭院原有的不透光烤漆板换成玻璃采光罩，加强客厅的光线，设计师也提醒读者，玻璃采光罩必须考虑日后若楼上邻居有重物砸下，可能造成采光玻璃罩破裂的安全隐患，因此他特别选择5+5的白膜玻璃，双层的玻璃设计，即使日后玻璃破碎也会紧附于白膜上，不会碎落。而后阳台基于预算考虑，可以选择一样具透光性的pc板，尽量让两侧光线引入。最后搭配适当的人工照明，如在墙面、楼梯处的间接照明，以削弱狭长屋

楼梯改到屋子的主动线上，并拓宽为原始楼梯的两倍，选择金丝玻璃与钢构搭配，透光性让一楼采光可以进入地下室。

前身是自助餐店的二十年老房子，有着满屋的油腻及漏水问题，而狭长的屋型让原始空间显得昏暗无光，地下一楼则是一间让人无心靠近的储藏室。设计师运用一道关键的楼梯移位，让空间变得舒适明亮温馨，地下室现在已成为亲朋好友来访最爱久坐的空间。　创璞设计｜李志哲

采光不足的缺点。

聚会空间 → 视听室 + 书房让地下室增光明

虽然家中成员众多，但设计师还是不建议将房间分散到地下空间，因为睡眠空间还是需要良好的通风才健康，因此设计师将房间集中在一楼，地下室则作为视听室与书房使用。因为楼梯带来了光线，再以空气交换机带进屋外的新鲜空气，楼下的空间采用完全开放设计，书房与视听室以透光的棉纸玻璃拉门为隔断，书房内附设了小小的洗手台，方便泡茶水或洗涤，种种巧妙设计下，没想到反而让原本闲置的地下室变成亲朋好友最爱久坐的空间。

小孩房设计 → 喷漆色彩增加明亮度

业主的另一个愿望就是拥有超大的泡澡浴缸，设计师便建议业主在主卧房舍弃更衣间，将空间留给卫浴设备，砌了一个约170cm×120cm大的浴缸，父母也能与小孩们一同泡澡。在儿童房的设计上，设计师以喷漆处理色调，利用色彩增加活泼性，而纯色的使用年龄也比可爱图像长。因此男孩房以绿、黄、白色搭配，另一间双胞胎女儿房则是在沿着床头制作一道弧形的粉色天花。现在再对比一次原始空间的杂乱无章，就能相信空间大改造只要找对设计师，一切都能变奇迹。

地下室书房书柜：将水槽隐藏在书柜里，平常以门扇遮掩，使用时只要打开就可以方便使用，需预留排管空间。 收

地下室的光线不足，不建议有密闭设计，因此书房与视听室采用开放设计，为了节省另做电视墙的空间，以投影幕为视听器材，再以书房拉门做背景，只要关上灯，一样有丰富的影像效果，平日还可以卷起收纳。 秀

儿童房收纳柜：以彩色木框线条搭配玻璃作柜体设计，摆放在里面的玩具看起来犹如一幅画。 收

儿童房书柜：以壁板的色系取代不必要的木作壁板，镂空的书柜不但较省材料钱，看起来也较轻盈。 收

日光厨房乐活好味

如果你第一眼看见这个家时，没有惊呼出来"好棒"两个字，那么你肯定是个不太懂得生活的人。此户业主詹乃翎设计师正是一位我们熟悉的生活达人，因为曾在南加州求学，所以她对于充沛的阳光有着莫名的迷恋，以至于这户位于顶楼的住宅，如此亲密的与日光接触，加上完全无隔断的开放感，让人一见就爱上，且赖着不想走。

后阳台厨房 → 玻璃罩下的日光厨房

不管是不是厨艺精湛的人，能够在詹乃翎设计师家的厨房烹饪，相信都能够做出好吃的菜，这是我们对于她家厨房的另类诠释，在玻璃罩光线的轻拂下，宽敞的中岛型台面和餐桌一字排开，生活的幸福感就这么漾开，感染了每一个人。

不过，詹乃翎设计师表示，这样的幸福感一开始可没有，因为之前开发商是将厨房规划在后阳台的位置，不但和客厅有距离，更别提要有任何互动，还好她买的是期房，在开发商尚未隔断之前，她就变更好空间规划，将隔断通通取消，只留下空荡荡的四面墙，彻底从零开始打造她的梦想居家。

传统电视墙 → 轨道电视到处看得到

家的风格和业主个性大有关系，在詹乃翎设计师的家中，我们就发现了她古灵精怪、不喜欢受拘束的独特个性。例如以舞台结构作为空间的概念想法，让帘幕、挑高天花板、轨道成为空间风格元素，尤其是做事有弹性的她，不喜欢一般中规中矩的电视墙设计，她希望能让它变得更灵活，成为滑来滑去的轨道设计，电视墙不只可以从客厅这头滑到餐厅那头，它本身还是一个可360°旋转的电视柜。如此一来，不管她是在书桌、沙发、厨房或餐桌，都可以轻轻松松观赏到电视，让我们十分佩服

这个家最让人羡慕的是宽敞又明亮的厨房，想象在星期天的午后伴上日光和悠闲的氛围，不管做什么菜都会变得美味起来，而这间只有 72.6m² 的住宅，也因这完全开放的厨房设计，而充满乐活愉悦的好滋味。
詹乃翎 | 荷果设计

地说："Livia, 这真是太神奇了！"

传统无窗浴室 → 化身明亮泡澡日光浴

浴室的规划也是让大家羡慕无比的设计，虽然一度有朋友笑她太奢侈，72.6m² 的空间有四分之一分给浴室，但她觉得宠爱自己是最重要的，更何况只有她一人住的空间，当然要让自己开心啰！因此她把视野和光线留了一半给浴室，不但整间采用白色洗石子铺设，还搭配了时尚有型的独立型浴缸、淋浴塔，当然这些拆卸容易的设备也符合了她弹性的原则，日后她想改变空间风格时，随时都能满足她多变的需求。

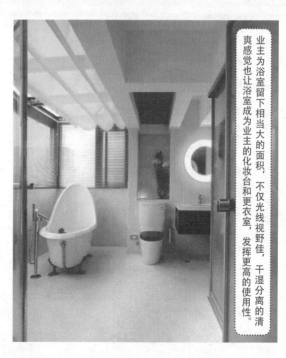

业主为浴室留下相当大的面积，不仅光线视野佳，干湿分离的清爽感觉也让浴室成为业主的化妆台和更衣室，发挥更高的使用性。

中岛台面：充分利用厨房的中岛台面做整合，例如洗碗机、烤箱等设备，都可以嵌入中岛柜中，让空间更显利落清爽。

收

卧室与客厅中间仅以一面矮书柜隔断，搭配可折叠的窗纱隔屏，保留隐秘性的同时又能透出浪漫光线。

收

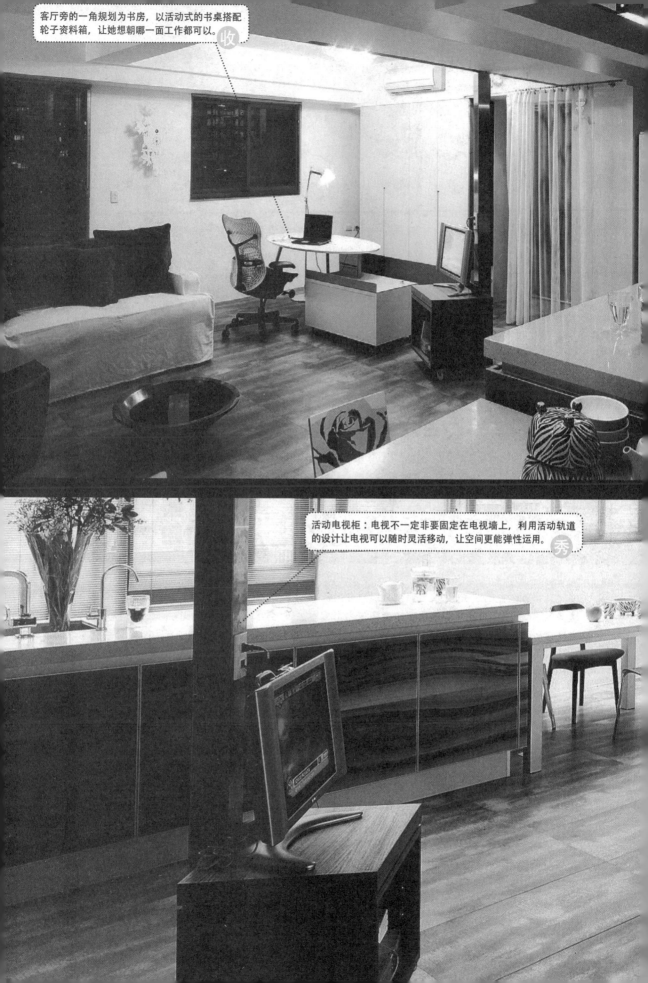

客厅旁的一角规划为书房，以活动式的书桌搭配
轮子资料箱，让她想朝哪一面工作都可以。收

活动电视柜：电视不一定非要固定在电视墙上，利用活动轨道
的设计让电视可以随时灵活移动，让空间更能弹性运用。秀

家化身时尚魅力舞台

从事旅游业的业主，之前与母亲分别住在同栋楼的五层和十层，无论在生活功能或者需求上都相当充足了，因此此次迁居换新房并非不满于现有居住环境，而是在偶然机会中找到了更适合的房子。房屋对于新居的期望不同于一般业主，经过沟通后，设计师渐渐掌握住整个新居的设计重点是着眼于空间的艺术美感与创意发挥。

拆除多墙 → 客厅顿时呈现开阔感受

上下两层共108.9m²的格局，对于业主二人的生活需求相当合适，但是，原来开发商所设定的楼下双房规划以及厨房、卫浴空间等阻隔，再加上居中的楼梯位置，使得客厅显得狭窄、封闭，无法展现出空间的宽敞感受，因此，设计师除了在开发商做客户变更时先行拆除掉一间房间，后来索性将厨房的隔断墙及浴室的墙面都一并拆掉，改用玻璃隔

断的穿透设计来取代，如此，果然让隔局大开，同时空间的每个面向都能展现出更多元而趣味的视觉享受，这个规划主轴也成为整个公共空间成功设计的关键因素。

开放格局 → 收服凌乱化为纯净简约

因为把大部分的隔断以玻璃拉门取代，虽然让视线穿透、空间放大，但也容易形成视觉的杂乱感，因此设计师必须以巧妙的设计手法来化解。首先在厨房空间中，设计师将业主珍藏的"苏绣"艺术品融入玻璃拉门中，不仅与业主的生活美感更契合，同时灵活生动的游鱼画面也活化了整个视觉感受。另外，在客厅薄型电视及烤漆墙后方，配置了厨房内的冰箱及楼梯间的红酒柜，红酒柜的上方则隐藏着网络视讯设备主机，往楼梯上延伸安排了各式尺寸的收纳橱柜，完美的整合厨房及楼梯间的

在创意十足的马赛克曲线墙及有型有款的家具衬配下，突显空间魅力，同时淡化了天花板上横梁的障碍。

从业主本身的艺术特质出发，设计师将空间以创意的展演概念呈现，通过灯光将马赛克曲线墙、各色玻璃与金属砖相互层次交叠，秀出最令人意想不到的魔幻魅力居家。

禾筑国际设计｜谭淑静

位置，让这些复杂的收纳功能在暗门及镀钛金属的边框修饰下，展现简约而优雅的质感。

乏味浴室墙面 → 耀眼夺目的空间主景柜

一般设计师在做住宅规划时经常强调以实际需求考虑，但是，在得到业主希望以艺术与创意取胜的思考逻辑鼓舞下，"勇于创新"反倒成为创意设计的推手。

设计师说："我们在一次度假经验中见到类似的曲线墙设计，也触动了原来墙面也不见得都是直线的想法。"此外，以往浴室总是隐秘的、甚至连门也都要隐藏起来，但是，为了增加客厅的范围而改用穿透玻璃隔断墙后，设计师索性将这面墙设置为进入室内的视觉主景，弧形墙线加上美得令人炫目的马赛克拼贴画面，挥洒出空间的主题，连带地让浴室内其他配件更需要讲究美感，透明的玻璃

形柱面盆与出水设计，吊挂型马桶搭配遮掩的灯箱配置等，都成为实际考虑与美感的极致呈现，整个推翻了浴室给人的既有印象。

创意四射 → 辅以低调柔和的色彩搭配

创意是这个空间使人惊艳的重要因素，但是基于住宅考虑，在基调上不需要太过浮华，例如客厅在大幅花朵马赛克弧形曲线墙以及造型较强的家具配置下，特别辅以低调柔和的色彩来调和空间质感，主卧室则以秋香木皮、壁纸，为空间增加几分时尚人文气息，主卧卫浴搭配灰棕与白色的玻璃马赛克以及钛金属色彩揉合出华丽中的温润感。设计师运用美感灵活的材质，搭配精心营造的灯光互动，让人不论走到哪个角落，都能感受到空间的精致性与变化性，也让喜欢生活充满不同趣味的业主更能沉醉其间。

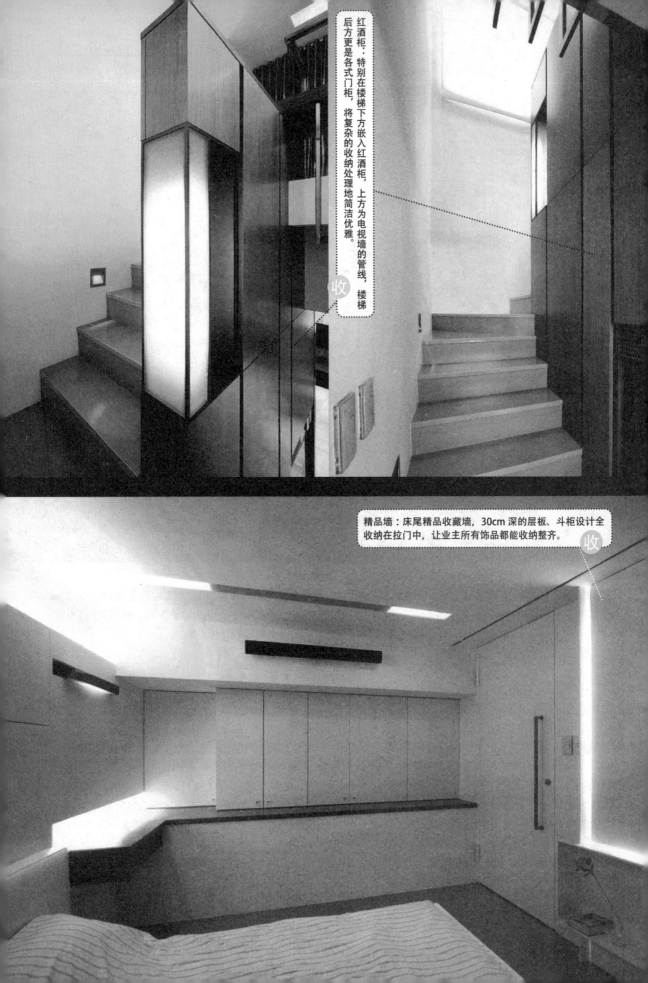

红酒柜：特别在楼梯下方嵌入红酒柜，上方为电视墙的管线，楼梯后方更是各式门柜，将复杂的收纳处理地简洁优雅。

收

精品墙：床尾精品收藏墙，30cm深的层板、斗柜设计全收纳在拉门中，让业主所有饰品都能收纳整齐。

收

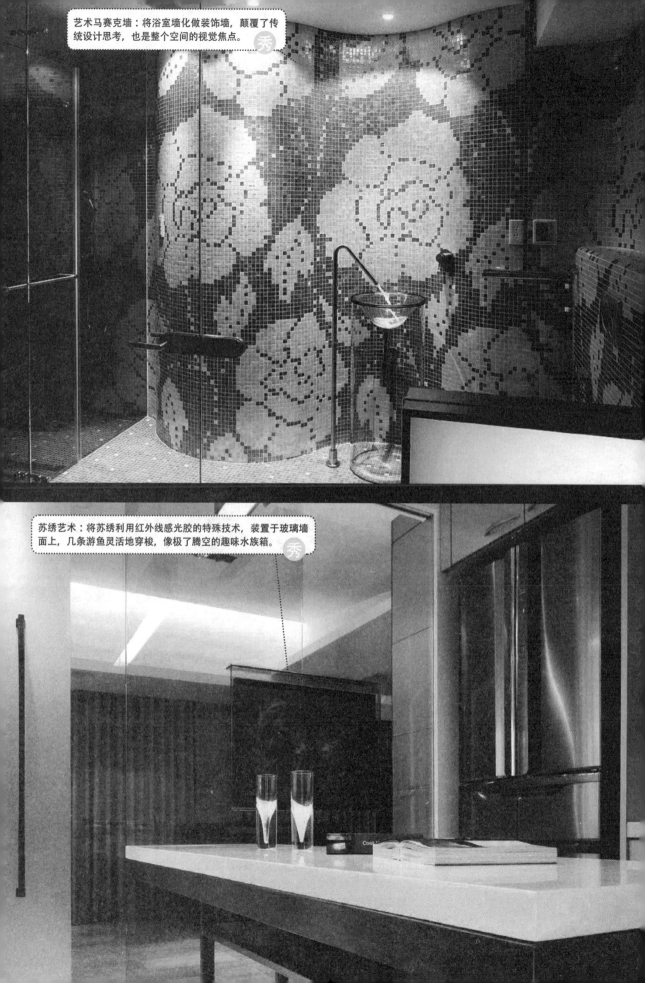

艺术马赛克墙：将浴室墙化做装饰墙，颠覆了传统设计思考，也是整个空间的视觉焦点。

苏绣艺术：将苏绣利用红外线感光胶的特殊技术，装置于玻璃墙面上，几条游鱼灵活地穿梭，像极了腾空的趣味水族箱。

治愈色彩幽默生活

热爱旅行的年轻夫妻档，买下29.7m²小户型大厦作为两人的甜蜜小窝，希望在国内外旅游结束后，能有个舒适的休息天地。接受业主委托的青禾设计，首要课题便是要如何重新规划原有的小空间以及解决恼人的厚梁问题，让平时工作繁忙、假日又行走各地的小两口除了记录旅游美景外，更能感觉"家"其实就是一道美丽的独享风光。

超小面积 → H型钢架高空间 家变两倍大

29.7m²大的空间，想要塞进完整的生活格局，客、餐厅、卧室、卫浴甚至储藏间，原本是"不可能的任务"，但是青禾设计谢一华设计师充分利用挑高3.8米的空间特色，用H型钢架高、平分立面的方式，令小窝面积顿时呈现倍数成长。下层规划作为开放式客餐厅的公共区域，楼梯下方畸零角落则是收纳杂物的便利空间；上层则是完整的寝

区，温润的枫木地板提供夫妻俩舒适坐卧的私密生活，让其在家能享受无拘束的自由体验。

特别的是，架高区块并没有布满全室，反而保留离墙面近三米的跨距，一进门便能感受到空间的开阔深度，"不完全填满的设计思维，除了沿用空间硬体本身的特色外，更赋予了空间呼吸角落，看起来好像浪费了可利用的面积，实际上以退为进，用视觉争取了宽阔的空间感。"谢设计师说道。

无隔断 → 镂空书墙功能分隔、光线分享

原本全开放式的住房规划出上下层后，会出现阻隔光线的幽暗问题吗？答案是不会，因为设计师利用业主藏书众多的特点，在楼梯旁设计一道贯穿上下的书墙。除了便于男女主人随手可取心爱的书籍外，光线更能在书籍间穿透游走，让经过格局分割的住房，仍保留了采光明亮的优势。

利用架高方式，青禾设计让 29.7m² 大的空间变化出加倍的生活功能，搭配活泼明亮的绿、橙、黄等颜色，除了灵活视觉外，更隐含着能量治疗的深刻含义，让酷爱旅行的业主感觉自家就像一道看不腻的美丽风光。

谢一华、陈绪箴 | 青禾设计

横梁过厚 → 治愈色彩、几何壁柜消除落差

"其实过厚的梁身，才是视觉上的最大问题。"因此设计师针对电视墙上的厚梁，以简单的几何柜体规划，缓和压梁给人的压迫与不适感，而对于单纯的墨镜、烤漆色块，设计师利用最简单的材质与手法，融入极简工业概念，在不浪费天然素材的同时，让视觉得到最大程度的惊艳效果。

"由绿、橙、黄构出的活泼彩度，是应用色彩治愈的概念，例如代表高雅平衡的绿色、具备创造力幽默含义的橙色以及象征理性思维的黄色，是在充分了解身处创造科技产业的背景前提下，通过居家的色彩能量去平衡疲累的感官，进而达到深层放松休息功能。"除了对立体格局收纳用心规划外，设计师在色彩的布局上也为业主设想周全，让室内设计除了舒适更多了健康。

柔和的枫木地板给予男女主人舒适的坐卧空间，衣柜门扉采用镜面设计，起到延伸视觉的功能。

储藏室：与书柜同质材的储藏室门扉，让小空间自然隐于空间中，兼具视觉美观与收纳效果。收

拉帘杂物柜：卧室置物柜利用拉帘的方式开关，帘幔简单柔软的材质，让寝室更加舒适。收

书墙：高达三米八的书墙成为最实用的镂空墙面，让业主无论身处家中何处都能享受光线以及随手可得的读书乐趣。

收

旅游记事栏：由铁板做背板，照片就放在一块块的磁铁相框里，记录生活的点点滴滴。

秀

随性散步在纽约

走进台北市区的住宅巷弄中，虽然传统的老公寓林立，但闹中取静的悠闲气氛和方便的交通环境，仍然让年轻的李先生和陈小姐决定买下这里的房子。不过老公寓问题比新房子要复杂多了，他们找到对翻修老房子十分有经验的陈桂香设计师，先帮他们解决屋内管线问题，接着从事艺术工作的俩人给了设计师一个有趣的想法，就是他们只需要"一间房间"。这可让设计师有了大大发挥的空间，减少隔断后的结果，不但换来宽敞明亮的客厅、厨房，丰富细腻的材质运用，更让每个走进来的客人忍不住说："酷！"

三室两厅 → 只留两道墙 空间豁然开朗

因为只需要一室的概念，让设计师在规划平面时，只利用一道L型的砖墙，就区隔出主卧室与公共空间的范围，有趣的是，业主本来希望主卧房与书房之间能有一扇大窗，好让处于两个空间的人随时可以聊上两句，但经过设计师建议，与其使用硬邦邦的窗扇，不如就将墙面挖个大洞，再以柔性的卷帘来灵活区隔，搭配上铺设的木台面，反而让卧室、书房之间多了休息的座位，不只达到业主夫妇方便互动的目的，也让空间多了环绕散步的动线，变得好玩有趣起来。

阴暗后阳台厨房 → 与客厅相通的明亮好厨

走进这个家的第一眼，绝对会被那明亮开放的不锈钢厨房牢牢吸引，黑色的人造石台面搭配上不锈钢的橱柜，空间流露出极富现代感的冷冽氛围。其实这个角落本来是一个阻隔了客厅光线的房间，因为想要让家中面积有放大效果，业主决定拆除墙面当作厨房，喜欢在家烹调的男主人，更把这里当成了他的个人实验室，清爽洁净的中岛台面和吧

从书房望向客厅，设计师采用水泥、白杨木地板来区分空间功能，搭配从书房转进客厅的红砖墙，让人仿佛置身纽约的现代 loft。

许多人在老房子装修时，总难跳出房间要多的思路，对于业主李先生夫妇的公寓而言，宽敞的空间感与舒服自在的情绪，比房数重要多了，环绕的动线、开放的不锈钢厨房与红砖墙面，交叠出粗犷自然的材质层次，让人仿佛置身在纽约 loft 风格中，怎么散步都舒服。 上绎设计｜陈桂香

台，随时能和客厅的亲友们一起分享做菜心得。

而把厨房从后阳台调到前阳台更是一个大工程，除了设计师要掌握设计的细节，如何妥善处理排水、抽油烟机等管线问题，更需要丰富的施工经验，通过陈桂香设计师的整合设计，才能将业主每个天马行空的异想一一实现。

旧厨房 → 化身装置艺廊与开放书房

大部分需要书房的业主，都会把其中一间房间规划成书房，但李先生和陈小姐却不这么认为，因为居住成员只有他俩，所以不会有被干扰的问题，因此他们可以将原来拆掉的旧厨房改造成工作区。透过书墙走道的引导，与卧室形成环形串联，喜欢艺术的他们，更收藏了小学教室椅、古董箱和设计感立灯，通过他们美感的摆放与红砖墙的衬托，原来单纯的书墙走道摇身一变成为装置艺廊，为空间

添上几分人文气质。

老公寓翻修 → 细致材质表现纽约 loft 风格

一个风格独具的空间，除了空间感的呈现，材质的运用也举足轻重。因为喜欢纽约 loft 自由随性的风格，让业主一开始便对空间搭配极有想法，加上学设计的背景，更让他们对细节质感有着格外严格的要求，例如不锈钢层板侧边的弧度、铁件窗框的收边，仿佛是拿了放大镜般的检测，而陈桂香设计师不但一一满足他们的高标准要求，甚至也自我要求甚严，例如整批的红砖墙因为色彩不对而被她全部退货、水泥墙的批土也在她把关下一再重刷，在双方面都希望将空间效果呈现到最好的思路下，果然让这个空间不仅风格独具，更充满了越看越有味的细腻美感。

衣柜：为了表现自然随性风格，主卧室的更衣室采用大面积的双推门扇，留出勾缝并漆上与白砖墙相呼应的白漆，强化空间的粗犷感。

收

浴室：将洗面台隔离于浴室外，形成舒适的干湿分离结构，搭配一旁的充裕收纳柜，让女主人也能在此化妆保养。

收

厨房：以特别定制的不锈钢层板作为厨房收纳，现代的银色意象让厨房成为空间中抢眼的主角。

秀

书柜：采用特殊的铁件打造出大面积的书柜，细腻的铁件层板线条，将空间衬托出轻盈的质感。

秀

万能收纳玩出单身乐活屋

"如果规划夹层空间,夹层区高度约1.2m左右,活动时仅能蹲着走路,与其夹层空间多花预算,还不如用来提高'住'的舒服度。"设计师江乔一语道出舍弃夹层设计的关键点。不过,夹层空间可提高收纳的优势在这里却丝毫未减半分。

居家物品多 → 和室夹层收纳地下化

精细的收纳空间计划,从开放式玄关便已展开。玄关柜有效率地收纳进鞋物、雨天备用雨衣,甚至于袜子、外套等也都物有所归,客厅电视墙旁的畸零空间也在重新调整格局隔断时,变更为容量大的小储藏室,墨镜门扇呼应客厅区的黑色调,映射厅区景象。

另舍一房,换取可弹性使用的多功能室,既可充当休闲和室,也可作为留宿访客、亲友的卧室,并规划架高地板50cm,房内所有橱柜皆往下发展,深入地底,将橱柜的收纳空间扩展极致。窗前处,打开隐藏于地板的小书桌,双腿便可舒舒服服地伸进地板下,阅读、在家处理未完成的公务、俯瞰高楼风景,轻松自在,和室也能充当书房来使用。就连冷气空间的设置,也因地板架高设计作了调整,相较于其他空间采用壁挂式空调,和室区则采用吊隐式,避免人在活动时意外碰触到。

喜好风格不同 → 黑色客厅突显卧室的明净

黑色冷凝的客厅氛围,纤细的红色帘幕显得格外夺目。业主对于不同美学风格的接受度相当高,让空间在"美型"的诠释上有无边的创意想象,整个软体配置从黑色直纹沙发展开,以此发展出周遭环境的搭配花色、质料等,而黑色是厅区的设计主调,展现沉稳大气感,主卧室则以白色作为主调,突显卧寝空间的明亮洁净。

主卧室床头左侧，利用梁柱形成的畸零角落规划玻璃书架、置放音响设备等，空间更为有条理。

当小面积遇到挑高 3.6m，除了用夹层设计来解决之外，还有什么令人耳目一新的解法吗？"高收纳"、"高美学"的双高漂亮设计，就打造出这座有如百变箱的单身住宅，实用又独具个性美。

佶舍设计 | 江乔

经典时尚的黑与白，局部搭配热情的红色、银灰色落地帘，描绘出单身女子住宅的时尚轮廓，尤其是黑与红色双调的电视墙设计更是出色。

设计师解释说："电视墙设计是从建筑外观的角度来进行思考的，营造半穿透感的玻璃帷幕，红色线帘保证了和室区的隐私，也调节了客厅的黑色氛围。"而考虑到未来使用网络的便利性，电视柜体亦配置网络线，电视可连接笔记本电脑、网络电视等，让家不仅独具美丽，同时拥有取之不竭的生活便利。

主卧室以白色作为主调，床头灯自天花板垂落，节省空间又显精致，特意挑选玻璃书桌让视觉、阳光穿透，卧室更显透亮。

架高地板：和室地板架高 50cm，加上橱柜往下延伸，将地板下储物空间发挥到极致，同时隐含活动式书桌。 收

玄关柜：除了收纳鞋物的基本用途，另包括雨衣、袜子，甚至于外套等，就像是一座迷你衣帽间。 收

建筑式电视墙：将电视墙当作玻璃帷幕来思考，红色线帘的半穿透风情维护和室区的隐私，在黑色个性客厅中点出一抹热情。秀

斜倾式镜柜：特意拉长浴镜的尺度，放大空间感，并以上下深度落差2cm的设计，让镜柜微微向内斜倾，避免意外碰撞，也制造出画面上的错觉。秀

30年老墙当我的画布来玩

　　新店的山区拥有大片的绿意与视野，是业主庞瑶之所以会喜欢上这个房子的原因，不过屋龄已有30年，格局被三间房间与厨房切得棱棱角角，中段客厅也没有好光线，位于公共区域的厕所更是连一扇窗户都没有，让人走进屋内就仿佛被困在水泥墙中，和屋外的视野无法产生互动，这些问题是负责空间设计的王镇设计师在思考空间安排时一一浮现在眼前的问题。好在他与业主庞瑶有着数十年的交情，"先解决空间本身的底子，让自然与阳光走进来，是业主和我共同的默契。"他说。

原有梁柱 → 刻意裸露砖墙呈现时间轨迹

　　走进业主庞瑶的家，会感觉空间散发的舒服氛围好像已经存在许久了，而非残留着刚装修好的崭新气味，原来这正是王镇设计师企图营造的感觉，他认为装修不一定就是让房子焕然一新，有时刻意

留下一点时间的痕迹反而更有味道。例如墙面有被敲凿后裸露出来的砖块，甚至整个柱子都是粗糙未粉刷的水泥面，仿佛都在诉说这是个有历史的老房子，搭配上庞瑶在国外跳蚤市场搜罗回来的古董家饰品，与现代感的家具、画作新旧交融，呈现对比的美感风格。

　　地板的材质是王镇设计师让空间洋溢朴拙味道的另一个设计，他舍去了一般常见的抛光石英砖，选择将水泥染黑后铺设地面，表面再覆上透明的epoxy，这样做的好处是可以保留水泥粗犷的质感，又能因为epoxy平滑的表面让地板易于清洁整理，让整个家更有loft的氛围。

客厅采光弱 → 玻璃隔断引进自然光

　　因为是业主一个人的使用空间，所以设计师在安排格局时，不需要保留原有的房间数量，而能够

还记得小时候总在画纸上画出自己渴望的家的样貌，画家庞瑶却直接把房子当成画布，将光、自然与色彩融入空间中，使这个超过30年的老房子散发出丰沛的生命能量，来过的人都忍不住想复制一个。

集集设计 | 王镇

将空间整个打开来，甚至以大片清玻璃作为主卧室的隔断，工作室也不设门板，让自然光可以毫无阻挡地进到客厅来，一扫室内原有的阴暗感。在视觉上，因为穿透的玻璃加上开放式的厨房，空间也好像没了隔断，成为通透又自由的空间。

封闭厨房 → 圆形吧台打开空间与生活

王镇设计师的空间作品拥有极高的辨识度，原因在于他对于材料的运用充满创意，例如这个家最让人惊艳的角落，就是位于空间中央的弧形厨房吧台，他以银灰色的水泥柜身衔接水蓝色马赛克并拖曳到地面，就好像为吧台穿上一条浪漫的水蓝色圆裙，区隔了厨房的烹调范围，也为方正的空间注入了柔软弧度。

此外，吧台旁边规划为餐厅，阳台的绿意植栽与好光线为餐厅提供了舒服的用餐环境，设计师以空心砖砌出主墙面，和意大利风格的塑料餐桌椅形成粗犷与现代的对话。

无窗户浴室 → 金属门扇弹性区隔储藏室

不只画画，也擅长金工，现在更是知名节目主持人的业主庞瑶，特别喜欢金属坚硬又具可塑性的质感，因此她可以接受工业味极重的镀锌铁花板作为储藏室的拉门。设计师把原来无窗户的浴室打掉之后，将这个角落规划为可收纳大型物品的储藏室，搭配轨道、轮子与镀锌铁花板门扇，大面积的金属感成了客厅极具分量的装饰，让这个居家空间呈现出更为丰富的混搭美感。

储藏室：将物品集中放置在储藏室，利用镀锌铁花板滑轨拉门来区隔空间。收

工作室：书籍、五金工具都规划在工作室里，利用木条墙面将工具一一挂上去，方便业主拿取。秀

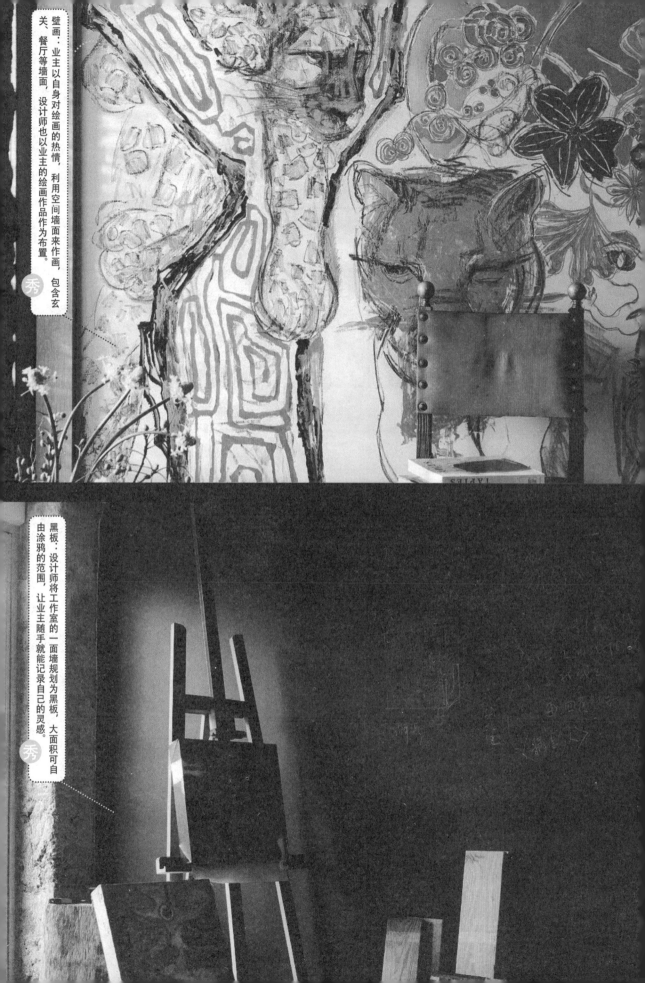

壁画：业主以自身对绘画的热情，利用空间墙面来作画，设计师也以业主的绘画作品作为布置。包含玄关、餐厅等墙面，

秀

黑板：设计师将工作室的一面墙规划为黑板，大面积可自由涂鸦的范围，让业主随手就能记录自己的灵感。

秀

PART 6
创意系统家具机关王

Before+After

梯间变橱柜？板材变天花？全家人的照片还能变门扇？
系统柜不再只能靠墙发展，换个位子改个把手，各式惊喜的好创意绝对让你开心收纳，
不再看着柜子叹气！现在就把设计师的 idea 记下来。

18 招创意系统家具的聪明收纳术

18招

系统家具＋智慧五金

摆脱过去对系统家具的刻板印象，现今的系统家具不但具备令人惊叹的巧妙创意，在色彩、材质、功能等各方面也令人耳目一新，您还在烦恼未来家具的长相吗？系统家具让您一次搞定房屋哪些事！

空间设计及图片提供／IKEA 宜家家居

IDEA 01

耐用品质 +10 年保证＝久用安心

●**创意设计**：IKEA FAKTUM 系统厨具提供不同尺寸的柜框设计，多达 20 种的风格门扇让欧式厨房也能在自家实现，配合高质感的高亮面门板，厨房变身品味小舞台。省空间的滑门轨道设计，不论面积大小都能被有效利用。

●**微笑收纳**：宽距达 80cm 的厨具层板载重效果好，板材不易塌陷，叠放再多碗盘也不怕，收纳性十足。

●**设计 O S**：如果找不到厨房设计的灵感，可利用网站的 3D 设计软件将想象模拟出来，免费一对一的厨房咨询服务让天马行空的想象化为实用、美观的真实场景。

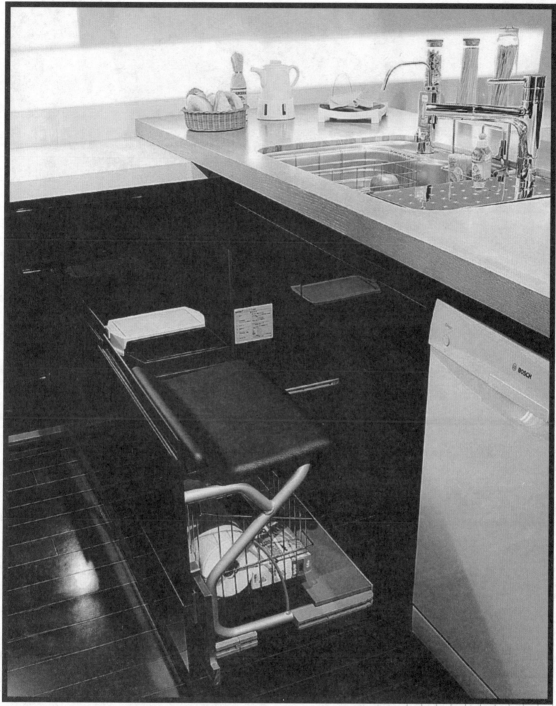

IDEA 02 活动座椅＋聪明收纳＝主妇帮手

空间设计及图片提供／哥德名厨 886-2-27405000

●创意设计：料理时间一长特别容易感到腰部酸痛，日系系统柜将水槽下空间改为活动座椅，方便料理者休息使用，也可以坐着切菜洗碗，减轻劳累感。

●微笑收纳：座椅下方设置小物件收纳空间，想不到怎么分类的东西也可以有个临时置放的地方。原先的踢脚板还可改为隐藏式垃圾筒，日本人的生活巧思值得学习。

●设计OS：喜欢有条不紊、洁净厨房的业主，最适合连锅碗瓢盆、电器刀叉都归位仔细的日系厨具，除了将料理与生活结合在一起的收纳设计，还可针对空间大小量身定做，贴心实用。

空间设计及图片提供／欧德家具
0800-033988
www.order.com.tw

IDEA 03 环保塑合板＋多样五金运用＝更衣间贴近人性

● 创意设计：欧德家具荣获金点设计标章，每一个细节都更贴近使用者需求，让系统家具的多元化赋予空间运用更多的可能性。

● 微笑收纳：更衣室内可根据个人衣物的种类设计规划，五金的多样性运用，可让你享有许多创意、又兼具顺畅动线的收纳功能。

● 设计ＯＳ：系统家具所使用的塑合板材皆使用高温高压压合木片，让全家人都能用得安心。

 折线封板 + 结晶钢烤 = 美型门扇 空间设计及图片提供／UNIX 886-3-3273166 www.unixs.com.tw

●创意设计：橱柜除了收纳，美观也很重要，利用拍拍手门档取代一般把手，维持空间利落的视觉，靠近楼板处约 20cm 的无用高度则根据墙面采封板做折线美化处理。

●微笑收纳：门板以 3:2 比例切割出不同的收纳空间，一样的深度乘上不同高度变化出不同容积，微小的差异就有不同的归纳效果。

●智慧五金：结晶钢烤适合薄门板，也因为门板薄重量轻，选用一般五金就能省预算。

●设计ＯＳ：若选用钢琴烤漆，则门板重量要考虑进去，建议选择质感较好的进口五金，避免门板脱落损坏。

空间设计及图片提供／爱菲尔系统家具 886-2--27212620

IDEA 05

魔术暗房＋隐藏门＝装饰收纳

● 创意设计：房间开放式的畸零空间，加装门扇后改为封闭式，与高柜同一水平修饰畸零地边角视觉，使柜体看起来更方正。

● 微笑收纳：中央包框处理，深度够再加装一隐藏门扇，打开时后方可充当收纳空间，平日则当作展示柜使用，真正发挥一柜两用的功效。

● 智慧五金：门扇后方加置不锈钢铰链，开门角度可超过 180°，方便进入暗房拿取物品。

● 设计OS：若柜体深度够，即可利用门扇做收纳区隔，同时也能当作展示柜使用，角落把手设计减弱门扇存在感。

IDEA 06

系统厚板材＋造型折线天花板＝跨界视觉

●创意设计：受限于厚度与重量，传统系统柜板材多以柜体表现较多，设计师将板材元素从传统中抽离，将厚板材运用在天花造型设计上，跨界演出也很有看头。

●微笑收纳：板材嵌镜面的对开造型柜和天花板相呼应，搭配拍拍手门档，维持门扇简约低调的质感。

●智慧五金：装置灵敏度高的拍门器，门板不需外翘，既不影响外观，又开启方便且安静无声。

●设计ＯＳ：系统板材非得定义在系统柜上才能使用，利用板材特性，加上木作表现方式，各取其优点就能混搭成新个体。

空间设计及图片提供／筑居空间美学馆 886-2--29257288 www.zhuju.me

IDEA 07

滑轨五金 + 多元书柜设计 =SOHO 族的移动工作站

●创意设计：系统家具木纹门板质感进步许多，混搭白色烤漆门扇、线条简练的不锈钢把手，呈现出具有人文气息的书房风格。

●微笑收纳：一般书柜旁如果接着书桌设计，书柜下层的收纳空间必须牺牲掉，如今加上抽屉滑轨五金，又多出许多抽屉和开放式收纳空间。

●设计OS：在家工作的 SOHO 族最适合以此概念规划工作室，只要移动书桌就能轻松拿到较远距离的抽屉物件。

空间设计及图片提供／三商美福 886-2-21831633 www.home33.com.tw

空间设计及图片提供／员立数位
886-2--3272678
www.furtur.myweb.hinet.net

实墙吊柜＋双色收纳柜＝简约美学

●创意设计：儿童房利用轻快有节奏感的缤纷门板做主轴，呈现乐曲飞扬的欢乐感，利用数码印刷技术让系统柜门也能拥有各式花样及色彩。

●微笑收纳：儿童房间以开心的风格作为设计重点，彩色门板搭配开放式系统储柜，让书本、玩偶、文具有便利拿取、置放的空间，要提醒的是小朋友们东西不多，适度做收纳规划即可。

●智慧五金：选用好开取、童话感强的五金把手来丰富卧房空间。

●设计ＯＳ：数码印刷门板也可以讲求对色、对花样，通过数码化门扇印制，照片也可以印得很清楚，不妨选几张具纪念意义的照片为空间创造个人风格。

886-2--25511501
www.keebrother.com.tw
空间设计及图片提供／纪氏有限公司

 IDEA 09 组合式铝立框＋多重五金组合＝更衣间轻巧不占位

●创意设计：来自德国的组合式铝立柱与其他进口代理品牌最大的不同，在于其简练的外形及不占空间的特性，让衣物角色明显，空间线条简化了，自然少了视觉上的压迫感。

●微笑收纳：实用以结构概念出发，环保铝材质可组装成各式尺寸的展示层架，还可视需求加装层板、吊衣、升降衣架等组件。

●设计ＯＳ：假如衣物种类较多，或没有特定喜爱色彩者，可利用组件创造更衣室的独特个性，通过更衣空间来表述个人风格。

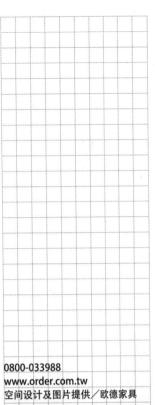

0800-033988
www.order.com.tw
空间设计及图片提供／欧德家具

定制化五金＋多样化板材＝名媛贵妇最爱丝巾架

●创意设计：因为所能使用的五金材料有所局限，欧德系统家具强调能通过定制化而量身定制，设计师皆能根据业主提出意见后改进更衣空间的需求。

●微笑收纳：通过多元化的五金配件，为女生打造贴心好用的丝巾架，也可以拿来吊挂裤子，衣物就不会皱了。

●设计ＯＳ：欧德系统家具不仅研发丰富的系统五金板材，更研发了三十种颜色、不同木纹的板材，同时兼具环保安全性，并且给予长达五年的保修时间。

空间设计及图片提供／欧德家具
0800-033988
www.order.com.tw

IDEA
11

抽屉滑轨＋隐藏衣柜设计＝不占空间的迷你梳妆台

●创意设计：利用衣柜内一个抽屉的高度，设计出抽屉式的隐藏版梳妆区域，巧妙地整合衣物、化妆品等生活动线在一起，让空间感更为利落。

●微笑收纳：迷你版梳妆台，隐藏了上掀式镜子，井字状的分隔设计正好可分类放置不同彩妆用品，或是首饰配件。

●设计ＯＳ：小面积房子或是卧室过去碍于空间小，只能选择舍弃梳妆台功能，现在不需要多留一处规划梳妆台，直接使用五金配件多、收纳功能多元又弹性的系统衣柜就能办得到。

IDEA 12 木纤维防潮板 + 组合柜体 = 环保省时

● 创意设计：不单从衣物计算，而是以物品为单位来计算收纳量，能规划出更满足功能需求的系统衣柜。

● 微笑收纳：从中央向左右两侧划分出对称柜体，再依物品类别、体积等做出分类层板或抽屉设计，再也不怕找件衣服得花上大把时间，省时有效率。

● 智慧五金：五金吊挂横杆可任意加装，自动回归滑轨，就算匆忙间拿取衣物也不会发出撞击声。

● 设计OS：防潮低甲醛板材的好处，在于快速完工也不会残留任何刺鼻的化学气味，加上其弹性组合柜体完全量身定做，最适合有时间压力的业主装修使用。

空间设计及图片提供／丰品设计 0800-268288 www.fping.com.tw

空间设计及图片提供／厨与柜
886-2-5905757
www.modulos.com.tw

IDEA 13

隐藏把手＋烤漆门扇＝利落视觉

●创意设计：延伸门扇的无把手设计让门扇看起来整齐划一，呈现简约朴质的高雅感。

●微笑收纳：自电视柜延伸而出设计成高低系统柜设计，中间包柱区隔出左右两侧不同的收纳功能，镂空的台面部分则可用来当作小展示台，把杂乱的东西全部收起来，使相片、饰品呈现出独立美感。

●智慧五金：全部采用 blum 静音滑轨，自动回归铰链让门扇静音效果良好，不会突然发出"碰"的一声。

●设计 O S：白色门扇适合运用在各种面积的空间，也可选用大地色系或自然风植物藤蔓的图样门扇做搭配变化，轻易改变居家风格。

IDEA 14

180°旋转高柜 + 白色烤漆门板 = 简约的袖珍型超市

●创意设计：将高柜结合嵌入式家电柜设计而成的整面系统橱柜，经由木纹烤漆和白色烤漆的门搭配，使厨房风格更具变化性。

●微笑收纳：可180°旋转的高柜，放置于最内层的东西也能轻松拿得到，如同一个袖珍型超市空间，所有调味料、零食等一目了然。

●设计OS：使用此款厨具高柜虽无拿取角度上的限制，但对于身材较为娇小的业主，建议将最常使用的物品放置在下层。

空间设计及图片提供／三商美福 886-2-21831633 www.home33.com.tw

one touch 抽屉 + 分隔板设计 = 电动人性橱柜抽屉

IDEA 15

● 创意设计：系统厨具最大的优点是给予许多人性化的储物功能，小至调味料、碗盘锅具等，同时搭配自在舒适的厨具动线配置，让下厨变得轻松又快速。

● 微笑收纳：抽屉的高背与可抽式分隔板设计让物品能井然有序地收纳，而且可负重达 30kg。

● 智慧五金：采用奥地利的 blum on touch 电动设计，用脚轻轻一碰就能把抽屉打开。

● 设计 O S：厨具的抽屉搭配要注意隔板是否具弹性调整功能，或者先考虑好收纳的物品再决定抽屉形式。

空间设计及图片提供／三商美福 886-2-21831633 www.home33.com.tw

空间设计及图片提供／日工系统家具

IDEA
16

系统柜体＋设计木作＝加值设计

●创意设计：根据双人的书房使用需求，在系统柜上加做延伸性造型木作台面，利用系统柜本身做荷重主体，多做出来的桌面以 x 脚做支撑点，两个人同时使用也不会有脚打架的现象。

●微笑收纳：系统柜体沿墙面做满，依比例部分改为开放式层格，让杂物有收纳的地方，书本、文具也能有临时放置的空间。

●设计 O S：系统柜台面除了木作，也可搭覆人造石、大理石等材质，这些材质与木料本身都很搭配，不会有冲突的状况，甚至门也可改成结晶钢烤门板，费用较钢琴烤漆精简，效果也很突出。

空间设计及图片提供／台湾绿邻

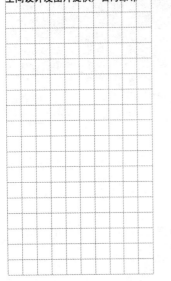

系统柜＋灯光设计＝木作质感

●创意设计：玄关是每个人回家的必经之处，利用柜体局部挖空保留出可暂时放置物品的台面，下柜高度略收，另留光源供夜间照明使用，同时也可作为开放式鞋架区。

●微笑收纳：玄关柜一共规划了五种不同收纳形态的柜体，靠墙处可收纳临时穿脱的衣物，走道处则可放置纸张类，如收藏用期刊、卫生纸等不会直接受潮的物品，中间腰带处可用来放医药品、备用零件等小型容易遗忘的物件。

●智慧五金：木皮铝材把手有跳色效果，略粗的手感保证拉取时不会滑手，搭配静音滑轨保持开合间安静无声。

●设计ＯＳ：玄关柜最重要的是深度与动线取得平衡，切勿为了塞东西提升收纳就牺牲了走道，若空间不够大，建议用浅色门，视觉会较清爽。

IDEA 18 · 上掀折门 + 随开随停五金 = 好拿不夹手

●创意设计：具古典线条造型，并且运用湖水绿作为主色调的一系列厨具面板，包括玻璃门扇也特别采取勾缝线条设计，让厨房呈现浓厚的乡村情调。

●微笑收纳：玻璃吊柜可放置收藏的餐瓷、杯盘等，搭配橱柜内的嵌灯照明除了收纳还兼具展示柜功能，为厨房空间增添独特风采。

●智慧五金：采用奥地利 Blum 上掀折门五金配件，即可随开随停，还有防夹手的贴心设计。

●设计 O S：乡村风系统厨具关键在于门板的线条，以及颜色和把手的搭配、运用，尤其是开放式厨房更应注意和其他空间的色系配置，才能具有协调感。

空间设计及图片提供／三商美福
886-2-21831633
www.home33.com.tw

设计名家点将录

设计公司	电话(台湾)	
明楼团队设计	886-2-87705667	
枫川秀雅建筑室内研究室	886-4-26319215	
石坊空间设计研究	886-2-25288468	021-22310594(上海)
宇肯空间设计事务所	886-2-27061589	
安藤设计顾问有限公	886-2-22531078	
福研设计	886-2-23936013	
度相设计	886-2-28761588	
伊家设计	886-2-27775521	
星火设计	886-921118202	
A space design	886-2-27977597	
米卡空间设计	886-2-27625739	
春雨时尚空间设计有限公司	886-2-23926080	
意象空间设计	886-931160886	
两囍空间规划事务	886-2-25710749	
木耳生活艺术设计	886-3-6585610	
Kenny&C 室内设计	886-2-28930757	
摩登雅舍设计	886-2-23620221	
八宽设计	886-2-26319952	
皓棋设计	886-2-89653725	
戴维麦可国际设计	886-2-86607618	
齐舍设计	886-2-25505887	
荷果设计	886-2-27082201	
台北基础设计中心	886-2-23252316	
觐得设计	886-2-25463939	
冠宇和瑞设计	886-3-3584168	

邱诚设计	886-2-23699172	139-16234695(上海)
创璞设计	886-2-28823772	
好适设计	886-2-25632033	
玛黑设计	886-2-25702360	
丰彤设计	886-2-25567568	
多河设计	886-2-85222699	
集集国际设计有限公司	886-2-87800968	
立禾设计	886-3-5721360	
觅得设计、家私	886-2-29307660	
青禾设计	886-2-87801886	
上绎设计	886-2-23942020	
佶舍设计	886-2-27072015	
咏翊设计	886-2-27491238	
初日发设计	886-921997747	
李静敏空间设计	886-3-4271418	
筑采设计	886-4-22558598	
AWS 设计	886-2-87891873	
伍伍陆零设计	886-2-86463453	
王俊宏设计	886-2-23916888	
德力设计	886-2-33933362	
禾筑设计	886-2-27316671	
力口建筑	886-2-27059983	
邱舍设计	886-2-86666628	
孙国斌空间设计	886-2-27965948	

图书在版编目（ＣＩＰ）数据

住宅机关王/美化家庭编辑部主编 . -- 南京：江
苏凤凰科学技术出版社，2015.5
ISBN 978-7-5537-4344-8

Ⅰ.①住… Ⅱ.①美… Ⅲ.①住宅－室内装饰设计
Ⅳ.① TU241

中国版本图书馆 CIP 数据核字 (2015) 第 068767 号

住宅机关王

主　编　美化家庭编辑部
项目策划　杜玉华
责任编辑　刘屹立

出版发行　凤凰出版传媒股份有限公司
　　　　　江苏凤凰科学技术出版社
出版社地址　南京市湖南路1号A楼，邮编：210009
出版社网址　http://www.pspress.cn
总 经 销　天津凤凰空间文化传媒有限公司
总经销网址　http://www.ifengspace.cn
经　　销　全国新华书店
印　　刷　北京博海升彩色印刷有限公司

开　本　787 mm×1092 mm　1/16
印　张　10.75
字　数　180 000
版　次　2015年5月第1版
印　次　2024年1月第2次印刷

标准书号　ISBN 978-7-5537-4344-8
定　价　49.80元

本书由风和文创事业有限公司正式授权，经由凯琳国际文化代理。

图书如有印装质量问题，可随时向销售部调换（电话：022-87893668）。